# 韩风花草绣
# 拼布包和家居小物

〔韩〕丁珉子　朱连玉　朴昌顺　元美朗　著
freeterTUZ　译

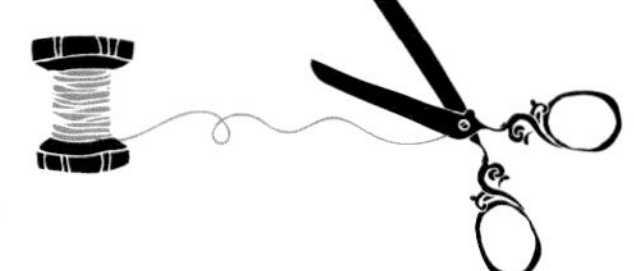

河南科学技术出版社
·郑州·

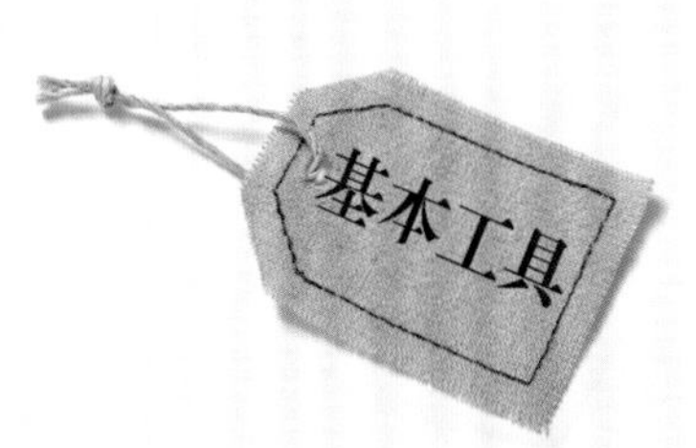


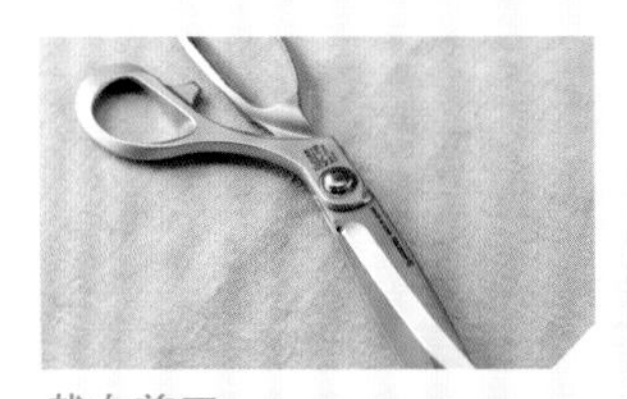

### 裁布剪刀
刀刃锋利，是适用于裁剪布料的剪刀。

### 修剪剪刀
是常用于剪线头的刺绣用剪刀。由于刀刃带有弧度并向上翘起，剪线时可以保护布料。

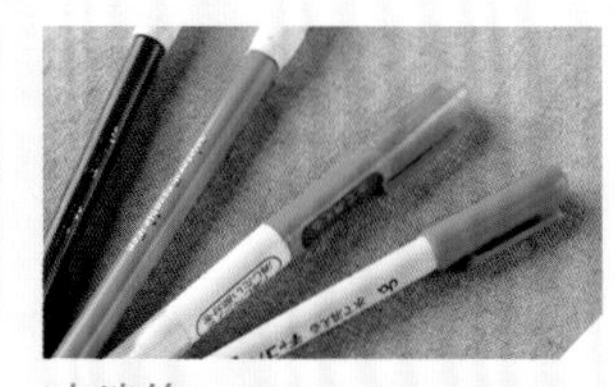

### 水消笔
用于在布面上做记号或画图，笔迹遇水即消失。

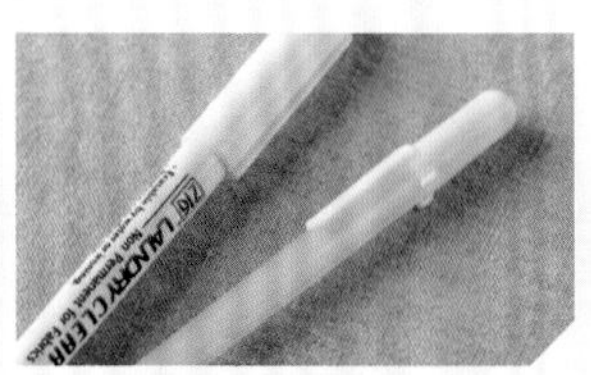

### 高光笔
又称白笔，用于在深色布面上画图，熨烫时笔迹即消失。

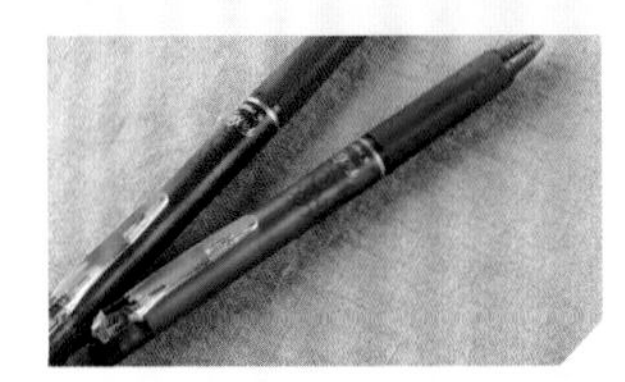

### 热消笔
用于在布面上画图，熨烫加热时自动消色。

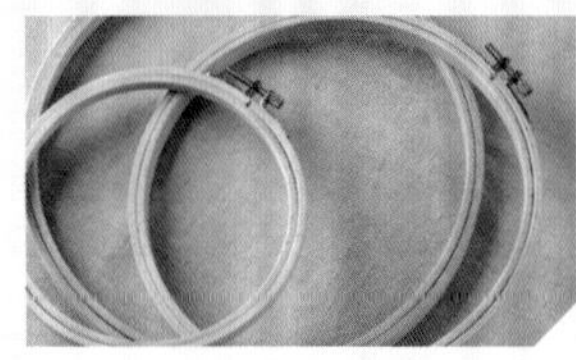

### 木绣绷
用于将布料拉伸、展平，方便刺绣。常用的尺寸有直径10cm、12cm、15cm、18cm等。

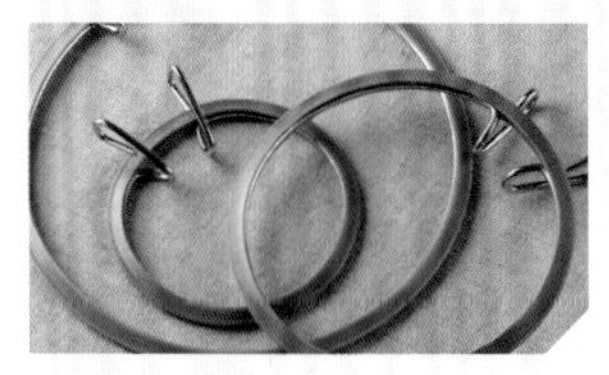

### 单触式塑料绣绷（免耳绣绷）
材质轻盈，不用螺钉也可以轻松操作，使用便捷。常用的尺寸有直径9cm、12.7cm、18cm等。

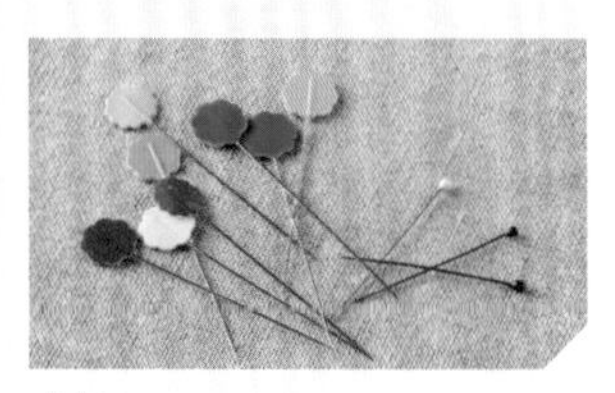

### 珠针
用于在缝合前固定布料位置，以防布料移动。

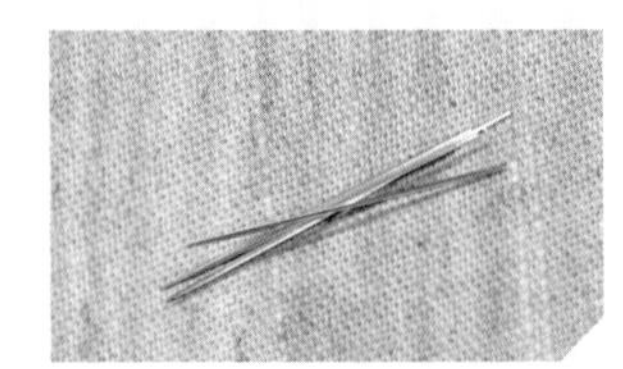

### 缝针
缝合时使用的短针，一般使用9号针。根据不同的用途使用手缝针、贴布针、压线针。

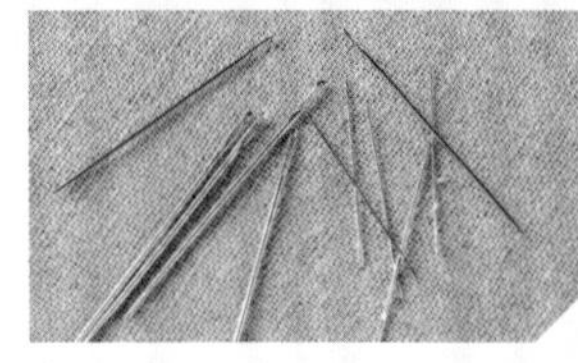

### 刺绣针
刺绣针的针眼比普通针的针眼要大，并且针头尖锐。按照绣线的粗细及股数来挑选针的大小。

### 描图复写纸
用于将图案复制到布面上。

### 无墨金属笔
把复写纸放在布上，用金属笔在复写纸上描图，布上会留下描绘痕迹。

### 带胶铺棉
铺棉的一面有胶，和布料重叠并熨烫时，胶会熔化，将铺棉和布料黏合在一起。

### 黏合衬
黏合衬的一面有胶，贴合布面并进行熨烫可以和布料黏合在一起，使布料变得更坚挺，成品比较有型。

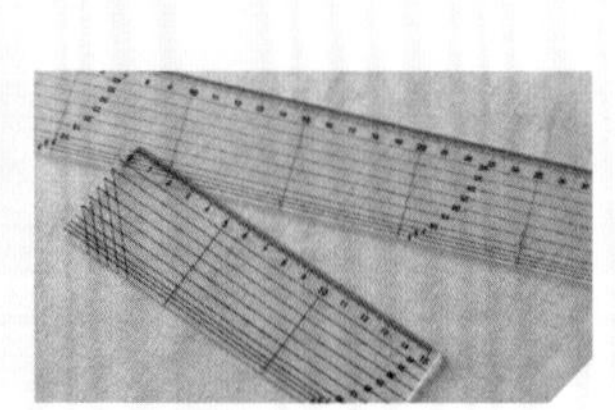

### 多功能拼布尺
内有刻度的多功能拼布尺，用来画缝份线会十分方便。

### 穿针器
将穿针器穿过针孔，将线穿过穿针器，再拉出线，方便快捷。

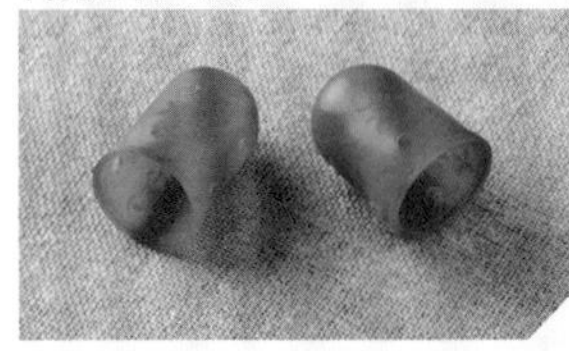

### 橡胶指套
紧贴手指带上，可以避免刺绣或缝合时手滑。

### 软卷尺
用于量尺寸。

### 透写台
下面有灯箱，把图纸放在透写台台面上，可以看清图案，更方便绘制。

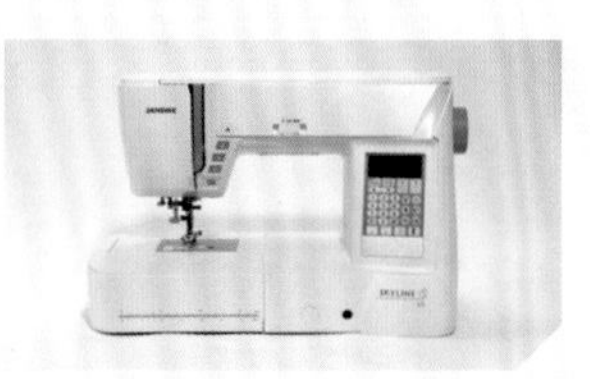

### 缝纫机
现在的缝纫机拥有多项功能，操作方便，很受广大手工爱好者的青睐。

各色先染布

轻柔绵软、手感舒适的先染棉布，常用于做拼布或刺绣（图片为BYHANDS品牌面料）。

素色棉麻布

用于刺绣的素色棉麻布，由于色泽干净，也常用来做家居布艺。

亚麻布

色泽自然、带给人亲切感的亚麻布也很受广大手工爱好者的青睐。

羊毛绣线

色泽丰富，适用于花草刺绣、法式刺绣等，带给人柔软舒适的感觉。

刺绣线

有丝绸般的光泽和手感、色泽柔和自然的Anchor刺绣线， 最常用的是5号线和 25号线 。

# 实用包袋和服饰

# 玫瑰刺绣大手提包
# 玫瑰刺绣小手提包

粉色的玫瑰朵朵盛开，在绿叶的衬托下，显得格外美丽，既庄重，又不失优雅。

大手提包 24cm × 26cm × 13.5cm
小手提包 26cm × 16cm × 9.5cm
**制作方法** 大手提包 P41
小手提包 P44

Flower Basket

# 花篮图案口金包

花篮里绽放出一簇簇鲜花，有薰衣草、雏菊，还点缀着几颗可爱的草莓。这是一款精致华丽、女人味十足的口金包。

22cm × 15cm × 8cm

**制作方法**　P46

Hand Made

# 波士顿包　布书皮

优雅大气的波士顿包和布书皮，灰色先染布搭配又白又可爱的小雏菊，也是如此迷人。

波士顿包 30cm×19cm×16cm
布书皮 15cm×21cm
**制作方法**　波士顿包 P48
布书皮 P50

Isabelle

# 时尚翻领马甲　时尚挎包

小小的刺绣花一朵接一朵，盛开在魅力十足的时尚翻领马甲上。利用剩余的布料，还可以制作一个挎包。

时尚翻领马甲根据体型尺寸修改纸型
时尚挎包 26cm × 16cm × 7cm
**制作方法**　时尚翻领马甲 P52
时尚挎包 P56

扫描二维码
可观看视频教程

Rose Broach

## 玫瑰胸针　玫瑰镜子

玫瑰刺绣的胸针和镜子，小巧精致，
可以当作日常搭配的单品。

制作方法　P55

## 玫瑰图案皮革手拿包

艳丽的玫瑰，盛开在时尚大气的手拿包上。好想带着去参加晚宴！

30cm × 21cm

**制作方法**　P58

# 月光窗格两用包

做几块不同风格的绣片，缝在包包上，既丰富又可爱。这是一款轻松休闲的两用包包。

33cm × 34cm × 5cm
**制作方法** P60

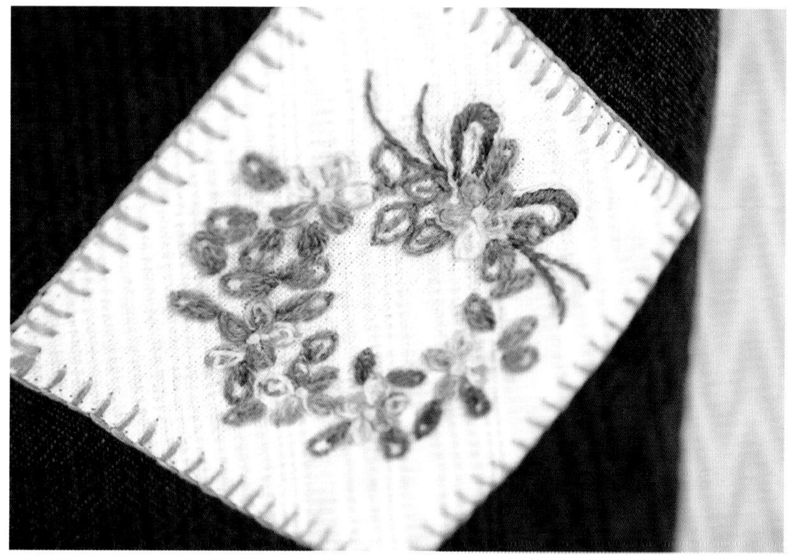
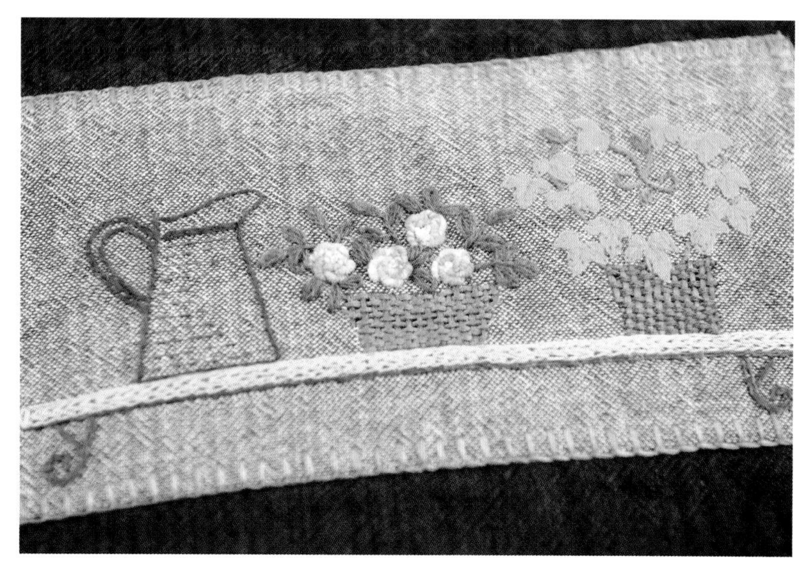

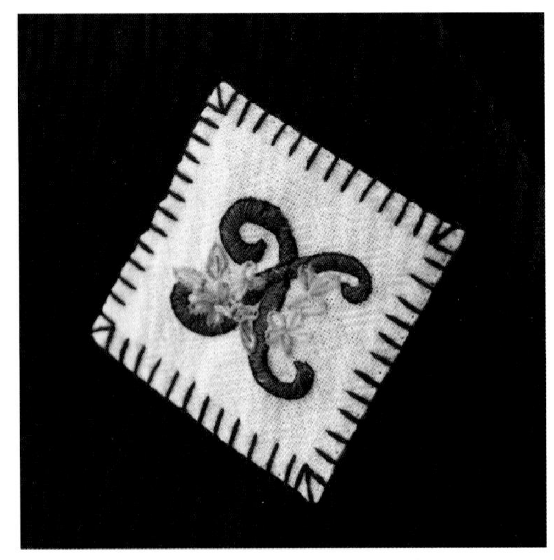

# 字母旅行大包　字母迷你斜挎包

把英文字母做成绣片，装饰在旅行大包
和迷你斜挎包上，可爱又别致。

字母旅行大包 43cm × 34m × 22cm
字母迷你斜挎包 20cm × 24cm × 1.5cm
**制作方法**　字母旅行大包 P64
字母迷你斜挎包 P65

## 小雏菊支架口金包

五颜六色的雏菊，一朵、两朵……盛开在花盆中。用精致的珠子做花芯。这是一款既可爱又实用的人气物品。

21cm × 14cm × 9cm

**制作方法** P57

# 春游休闲手提包

绣出春天的野花来做这款包上的点缀。
这是一款让人情不自禁想拎着去春游的
休闲手提包。

20cm × 43cm（包括皮带）
**制作方法** P63

# 蜀葵双肩背包

色彩鲜艳、热情奔放的蜀葵绣在双肩背包上，彰显出浓烈的热带风情。这个包有前置口袋和两个侧身口袋，能分类放东西，非常实用！

27cm × 32cm × 15cm

**制作方法**　P68

# 花束手机包

婚礼花束的刺绣，使小巧的手机包显得格外精致。

13cm × 18cm
**制作方法** P72

扫描二维码
可观看视频教程

# 小野花胸针

用不同风格的植物刺绣，来完成
不同造型的野花胸针。

制作方法　P71

# 玫瑰刺绣长裙

个性十足的筒形长裙，玫瑰刺绣
使其更显女人味。

**制作方法** P74

# 一枝玫瑰长款钱包

用剩下的小块布料来进行刺绣并缝合，也能完成一件长款钱包。

21cm × 10cm
**制作方法**　P78

# 一枝玫瑰手提包

一枝婀娜多姿的玫瑰，仿佛插在花瓶里，缓缓地伸着懒腰。

25cm × 30cm
**制作方法** P76

# 家居刺绣布艺

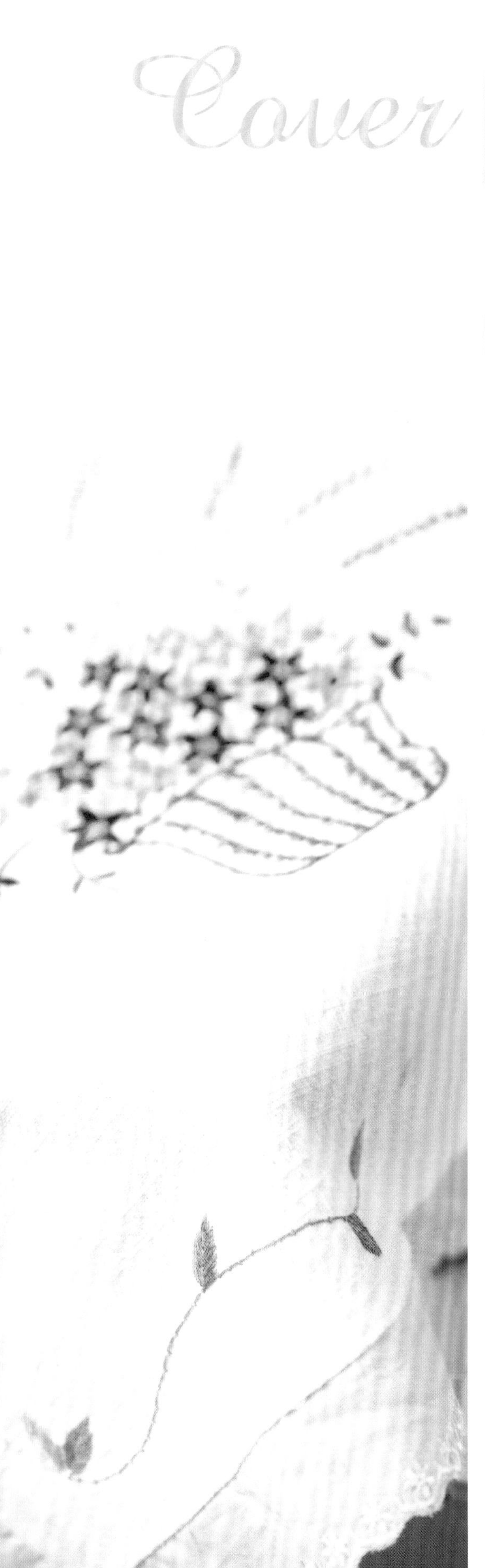


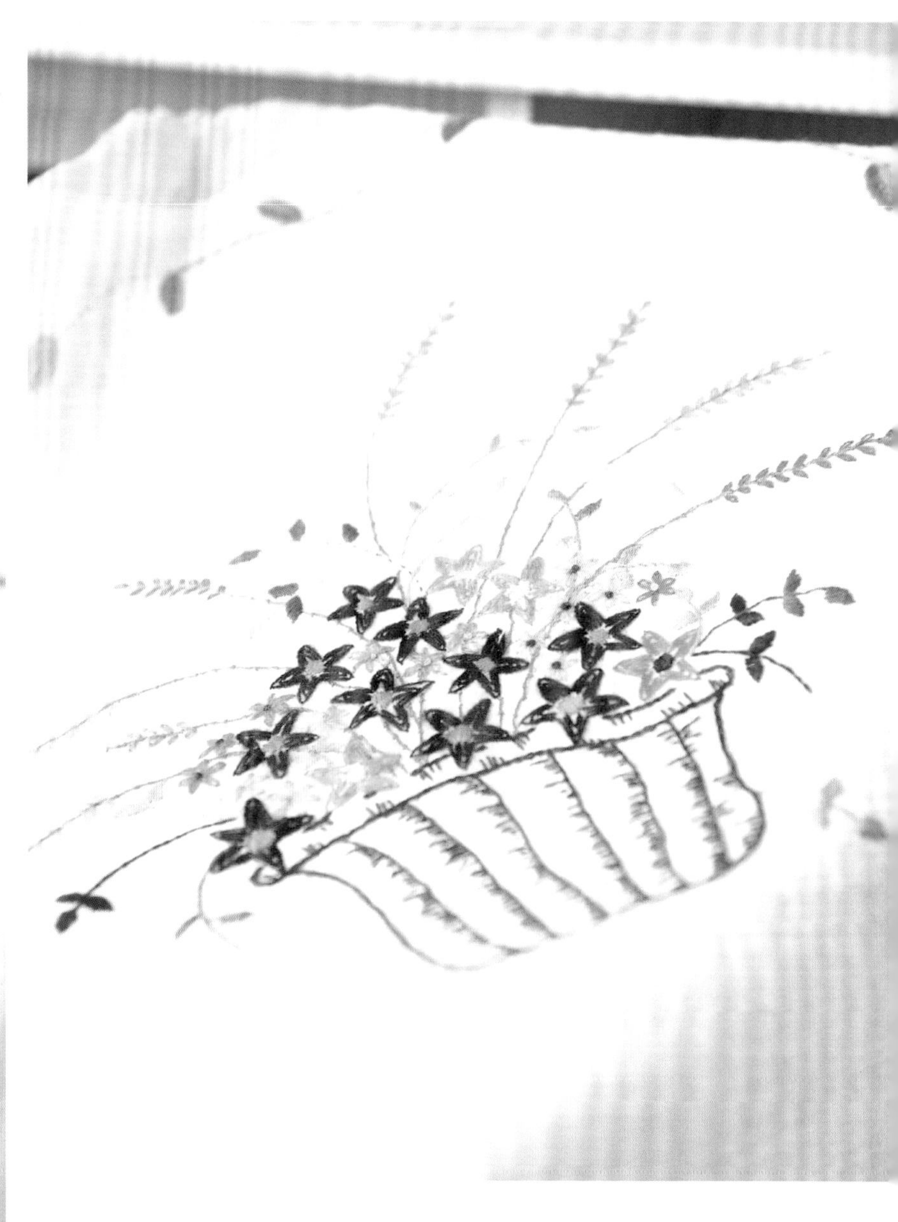

## 蓝莓花多用途盖巾

纯白干净的布搭配简洁的刺绣花篮，
这款盖巾可以用在多种场合。

56cm×55cm
**制作方法**　P84

# 蒲公英抱枕

绣上蒲公英和斑斓野花的圆形抱枕和方形抱枕。

圆形抱枕　直径44cm
方形抱枕　42cm×42cm
**制作方法**　圆形抱枕 P79
　　　　　　方形抱枕 P82

Cushion

# Curtain Balance

# 窗帘

这款清新雅致的窗帘上处处开着野花，微风吹过，仿佛飘来一阵芳香，弥漫在整个房间。

141cm × 62cm

**制作方法** P87

# 野花刺绣围裙
# 野花家居鞋

朴素美丽的野花刺绣，使围裙和家居鞋更加亲切可爱。

**制作方法**　野花刺绣围裙 P92
野花家居鞋 P93

Room Shoes

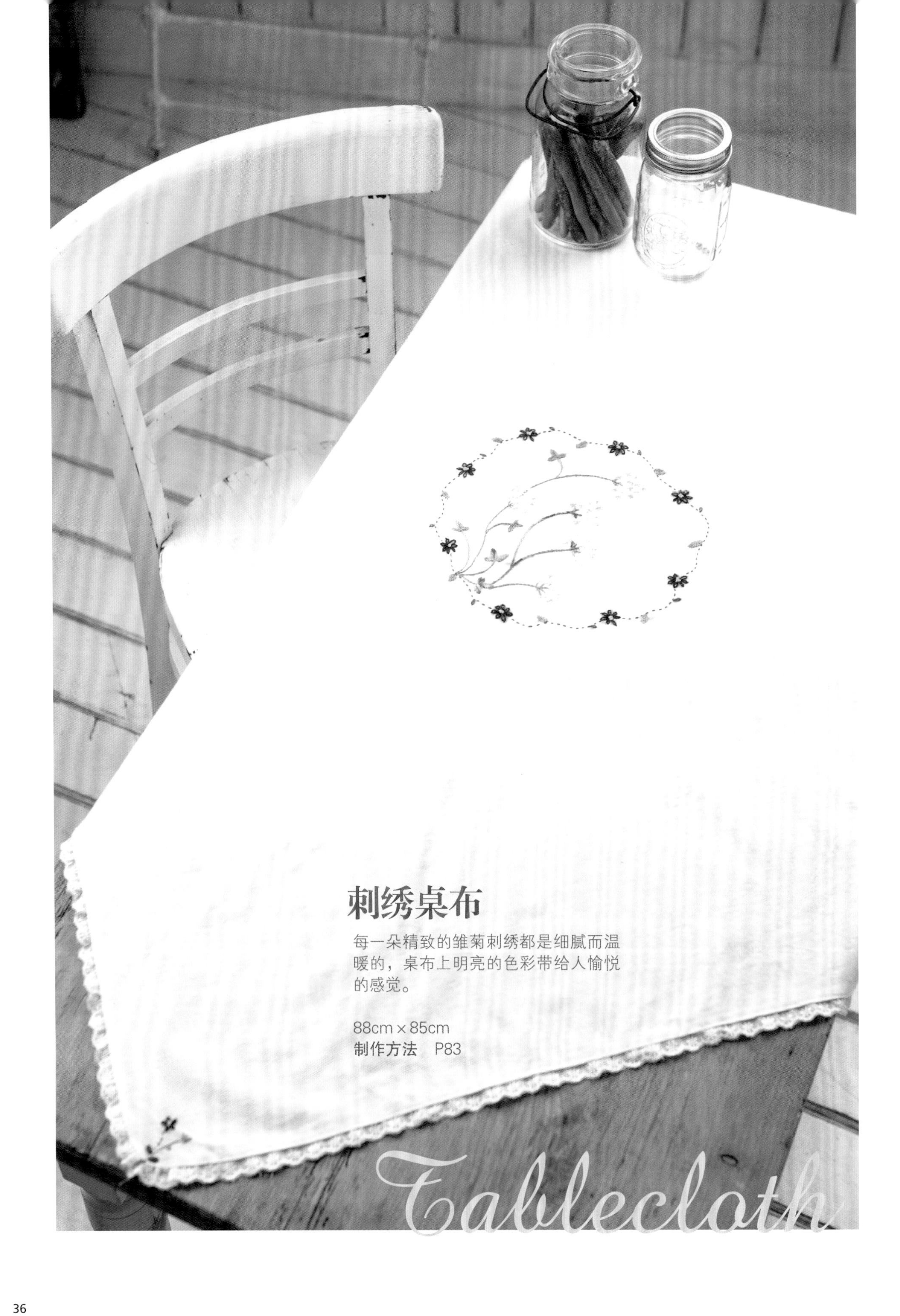


# 刺绣桌布

每一朵精致的雏菊刺绣都是细腻而温暖的，桌布上明亮的色彩带给人愉悦的感觉。

88cm × 85cm

**制作方法** P83

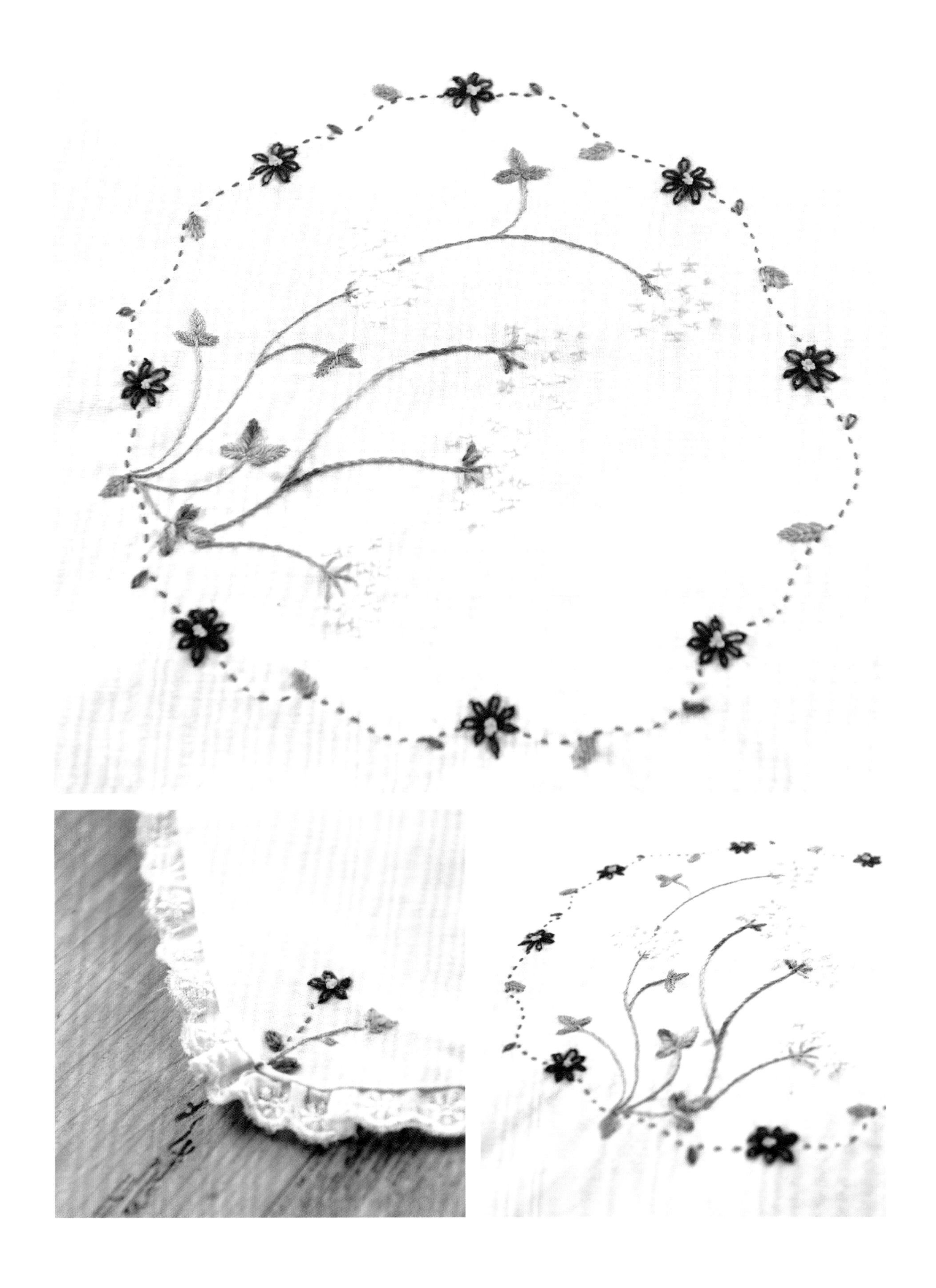

# 装饰框画

刺绣装饰框画摆放在家中任何一个角落，都是一道华丽的风景线。

绣球花 12cm × 18cm
红蜀葵 14.5cm × 27cm
**制作方法** P96

## 可挂式纸巾袋

清新淡雅的刺绣纸巾袋，挂在墙面上，使整个屋子都明亮起来。

31cm × 12cm × 11cm
**制作方法** P98

# 带花边的刺绣手绢

优雅的线条，娇羞的花朵，赋予白色蕾丝手绢灵魂和活力。

39cm × 39cm

**制作方法** P55

# 作品制作方法

注：在教程中没有标注绣线股数的地方皆为1股。
羊毛绣线的颜色请参考书后说明。教程中以“BY”开头的材料是韩国BYHANDS品牌的产品。可登录以下网站购买：www.enjoyquilt.co.kr。

## 玫瑰刺绣大手提包

作品P5

**【所需材料】**

先染布 墨色(偏黑一点的灰色)45cm×55cm、浅墨绿色45cm×55cm；里布45cm×70cm；拉链（黑色）50cm；牛皮绳；包扣(大)2.8cm 2颗；紫色皮提手（BY32-5102）；支架口金24cm；带胶铺棉

**【刺绣线】**

羊毛绣线 D02；Anchor 25号线 924（草绿）、254（嫩绿）、1040（灰）

1. 按照纸型，裁剪墨色和浅墨绿色先染布。

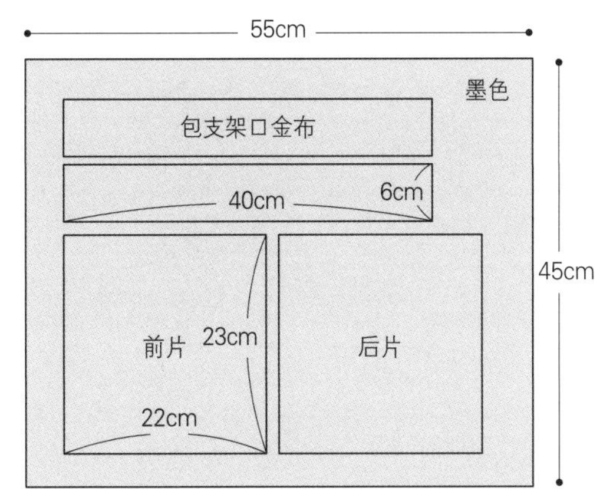


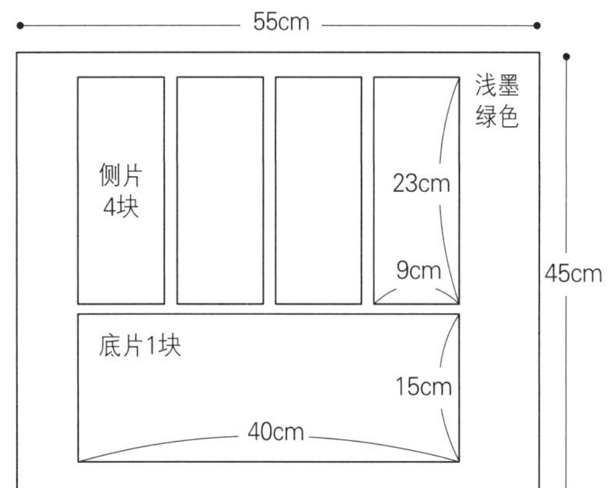


2. 在前片表布上画刺绣图，接着在表布反面贴上带胶铺棉，并进行刺绣。

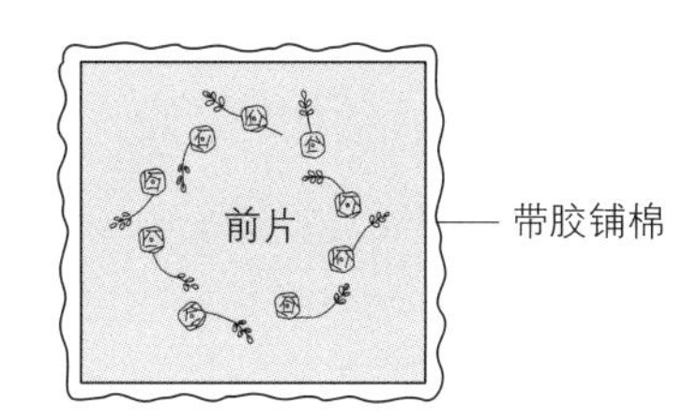


3. 在后片和4个侧片反面贴上带胶铺棉并进行熨烫(若是用不带胶的铺棉，请用珠针固定位置)。在底片内侧贴上带胶铺棉，以1cm间隔进行压线。

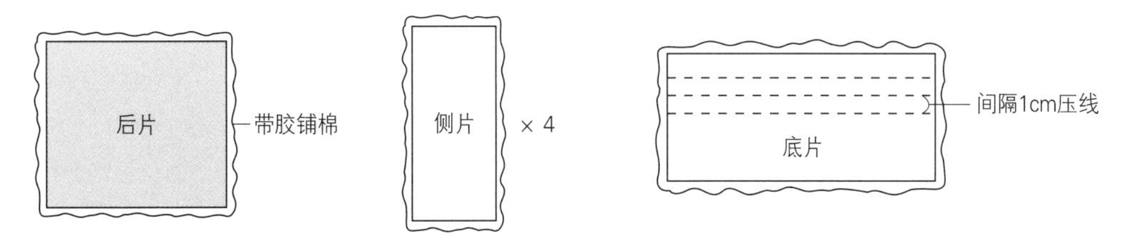


4. 先把前片、后片分别与侧片拼接缝合，再和底片正面相对拼接缝合成表布。
5. 将里布裁剪成40cm×61cm，与表布正面相对，在左、右两侧进行缝合。

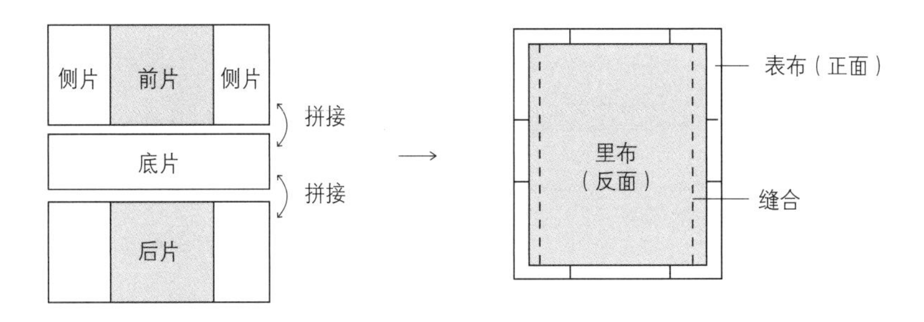

6. 将多余的缝份剪掉，翻回正面。
7. 在前片、后片表布的顶部（包口的位置）缝合用于包支架口金的布。

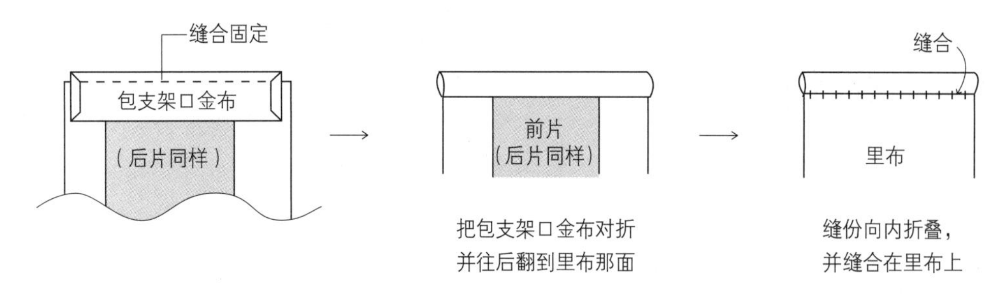


8. 把拉链居中缝在包口位置。
9. 将前片、后片正面相对，缝合两侧。
10. 两边各缝14cm的底角，剪掉多余缝份。翻回正面。

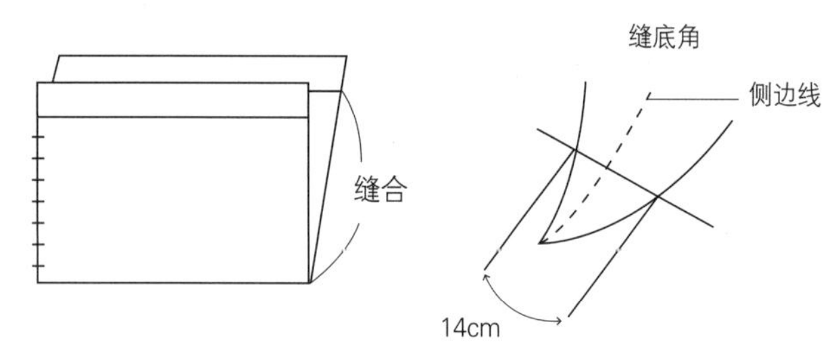


11. 穿支架口金，并缝合（把支架口金往两侧弯曲些，会让包形更自然）。
12. 整理拉链两侧的皮片。
13. 在小块儿圆形布上进行刺绣，制作装饰包扣。
14. 装上皮提手，完成。

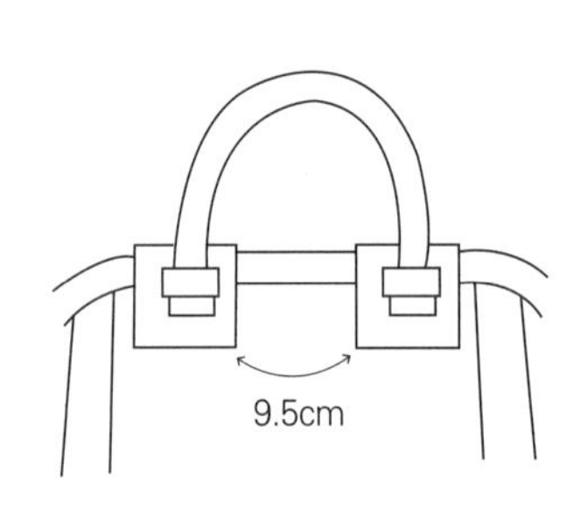


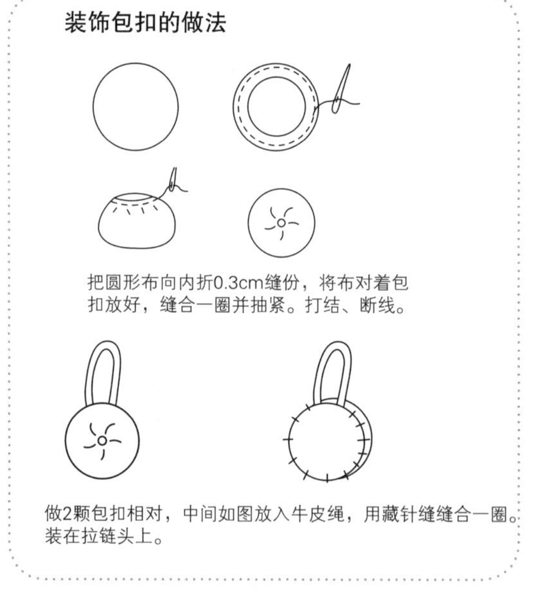


## 包扣平面图（包含缝份）

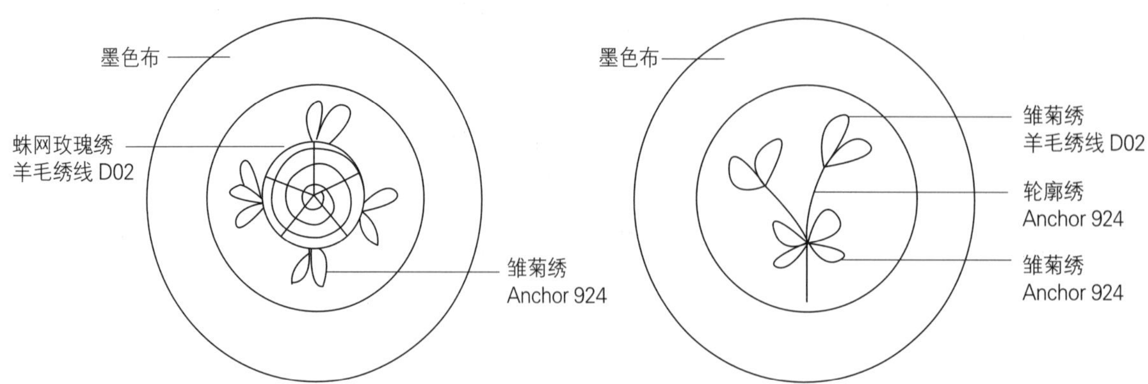

## 刺绣平面图

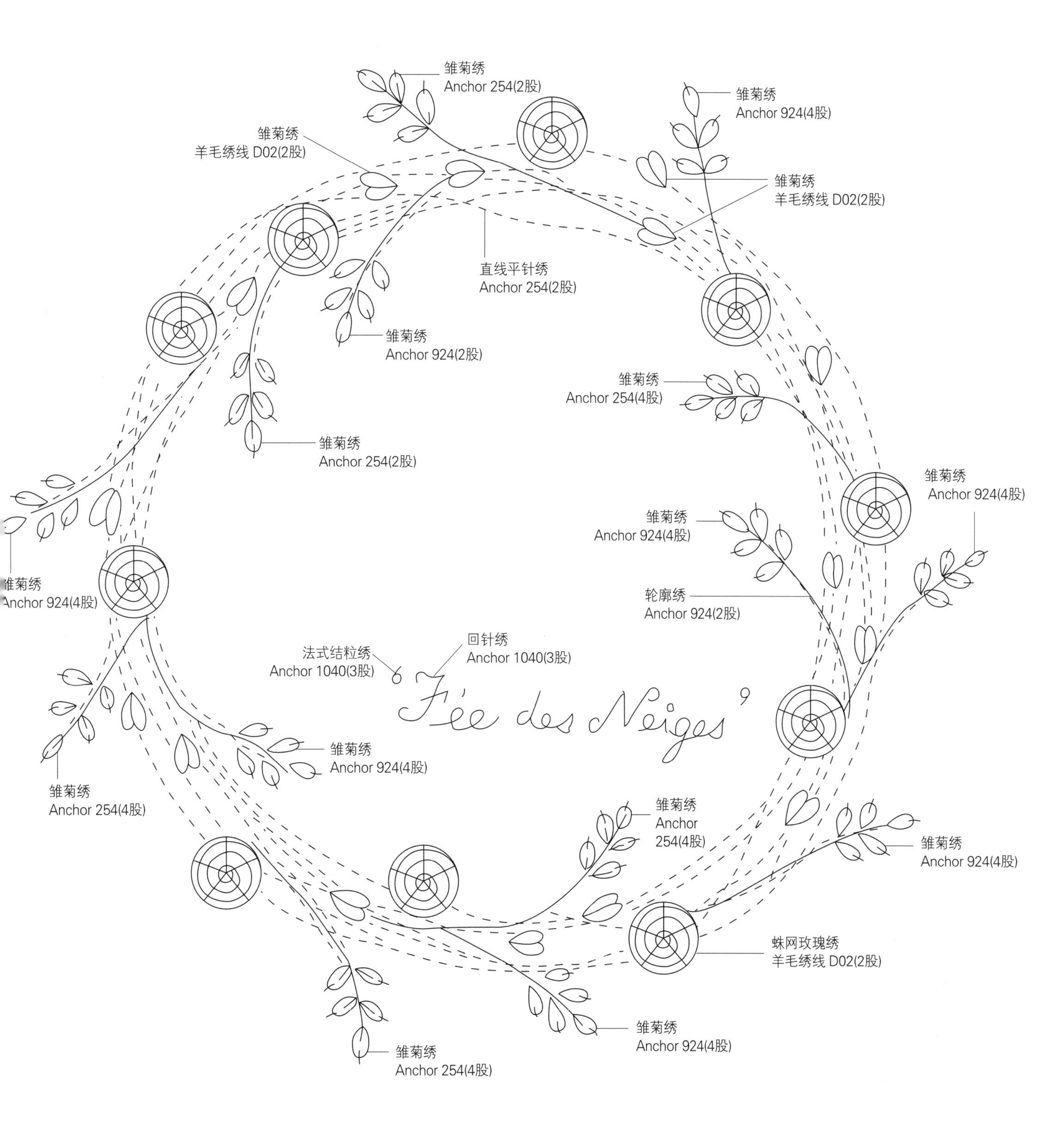
雏菊绣
Anchor 254(2股)
雏菊绣
Anchor 924(4股)
雏菊绣
羊毛绣线 D02(2股)
雏菊绣
羊毛绣线 D02(2股)
直线平针绣
Anchor 254(2股)
雏菊绣
Anchor 924(2股)
雏菊绣
Anchor 254(4股)
雏菊绣
Anchor 254(2股)
雏菊绣
Anchor 924(4股)
雏菊绣
Anchor 924(4股)
菊绣
nchor 924(4股)
轮廓绣
Anchor 924(2股)
法式结粒绣
Anchor 1040(3股)
回针绣
Anchor 1040(3股)
Fée des Neiges
雏菊绣
Anchor 924(4股)
雏菊绣
Anchor 254(4股)
雏菊绣
Anchor
254(4股)
雏菊绣
Anchor 924(4股)
蛛网玫瑰绣
羊毛绣线 D02(2股)
雏菊绣
Anchor 924(4股)
雏菊绣
Anchor 254(4股)

# 玫瑰刺绣小手提包

作品P5

【所需材料】

先染布 墨色40cm×37cm、浅墨绿色40cm×37cm；里布45cm×55cm；拉链（黑色）40cm；牛皮绳；铺棉或带胶铺棉；包扣（大）2.8cm 2颗；支架口金20cm；迷你皮提手

【刺绣线】

羊毛绣线 D02；Anchor 25号线 924（草绿）、254（嫩绿）

1. 按照纸型裁剪铺棉、墨色先染布和浅墨绿色先染布（铺棉35cm×42cm，先染布墨色18cm×16cm 2块、浅墨绿色11cm×16cm 4块、底片浅墨绿色35cm×12cm，包支架口金布35cm×6cm 2块）。
2. 将前片、后片和底片连接缝合制作表布，接着在前片表布上画刺绣图。
3. 在前片表布反面贴上铺棉，进行刺绣。
4. 在底片部分以1cm间隔进行压线。
5. 裁34.5cm×39.5cm的里布，与表布正面相对重叠。
6. 缝合两侧，留返口。

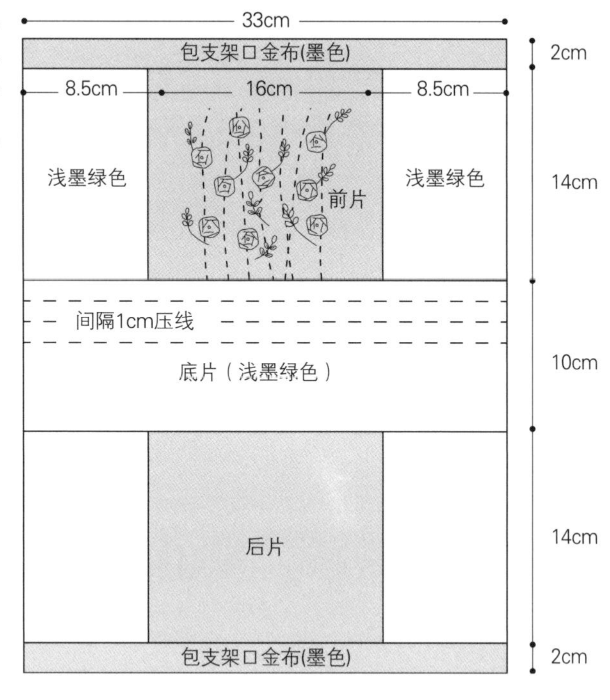


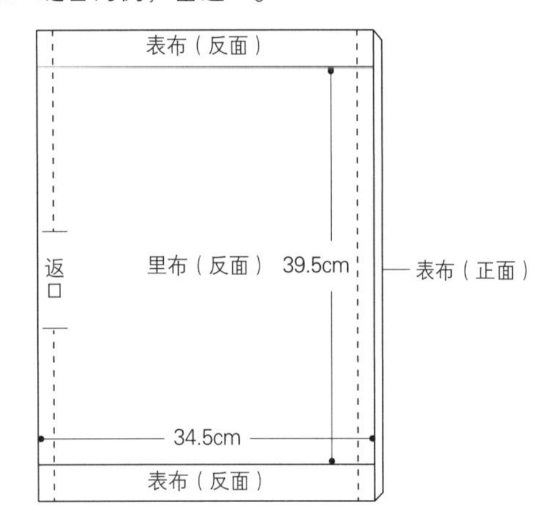


7. 从返口将主体翻至正面，缝合返口，并装上拉链。

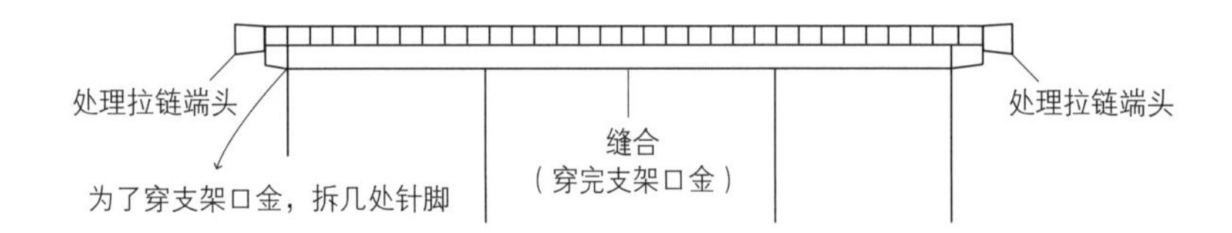


8. 整理拉链两端。
9. 为了穿支架口金，拆几处针脚。
10. 在小块儿圆形布上进行刺绣，制作装饰包扣（详细做法参见P42），系在拉链头上。
11. 对折主体缝合两侧，两边各缝7.5cm的底角。
12. 穿支架口金。
13. 装上迷你皮提手，玫瑰刺绣小手提包完成。

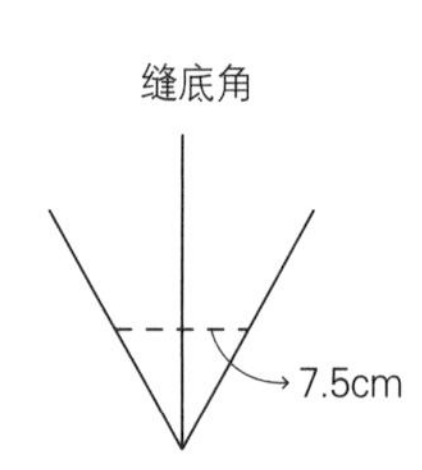

## 包扣平面图

## 刺绣平面图

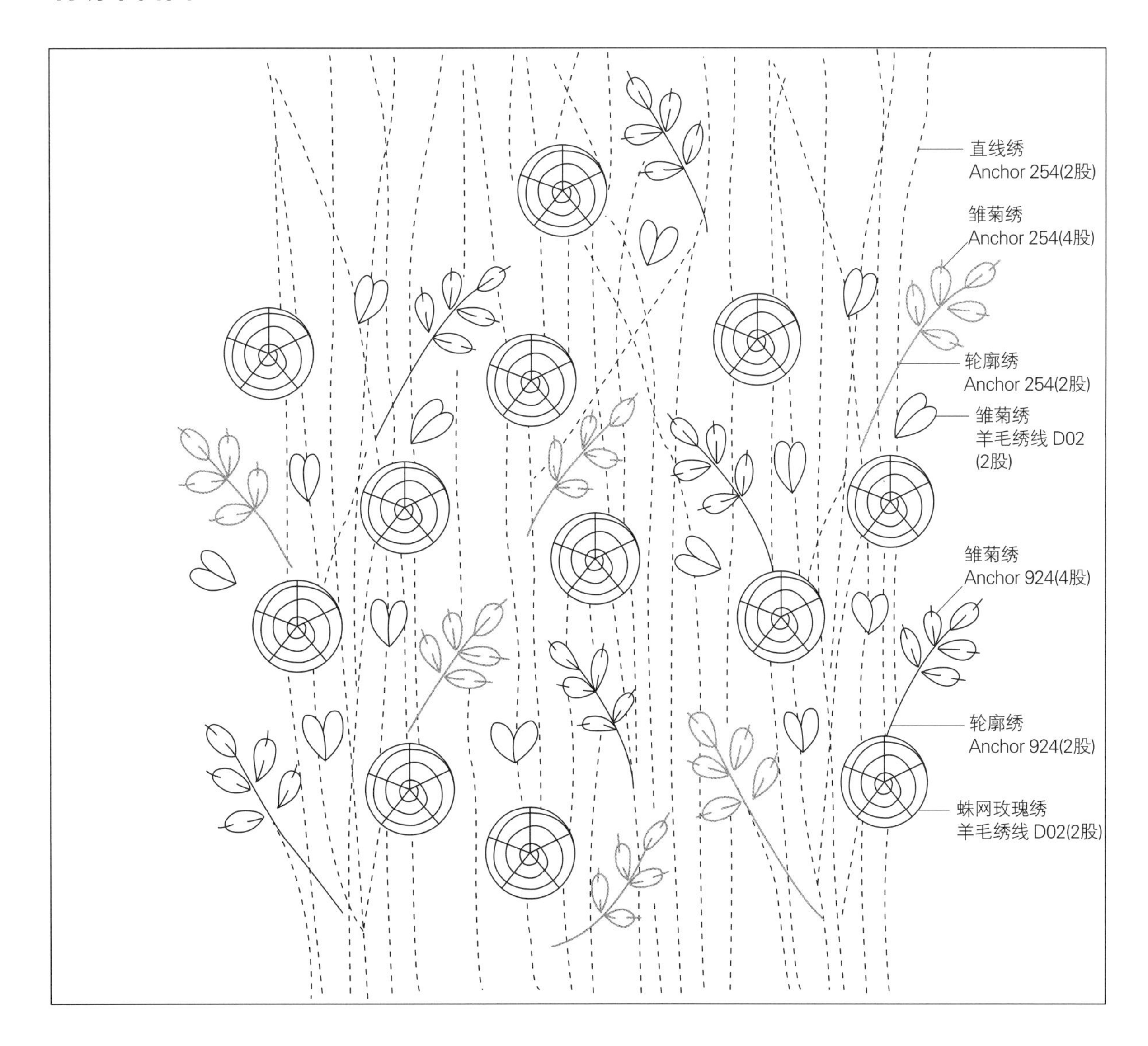
直线绣
Anchor 254(2股)
雏菊绣
Anchor 254(4股)
轮廓绣
Anchor 254(2股)
雏菊绣
羊毛绣线 D02
(2股)
雏菊绣
Anchor 924(4股)
轮廓绣
Anchor 924(2股)
蛛网玫瑰绣
羊毛绣线 D02(2股)

# 花篮图案口金包

作品P7

**[所需材料]**

先染布 黑色18cm×110cm；里布 18cm×110cm；带胶铺棉；口金15cm；皮提手

**[刺绣线]**

羊毛绣线 VE22、B24、VE11、A02、C01、B05、VE05、C19、D08、C12；Anchor 25号线 403

**1.** 按照纸型裁剪黑色先染布，在前片和后片表布上绘制图案，在表布反面贴上带胶铺棉，并进行刺绣。

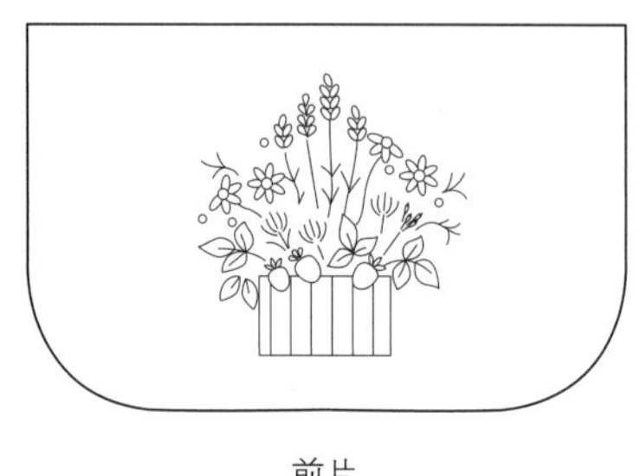

前片

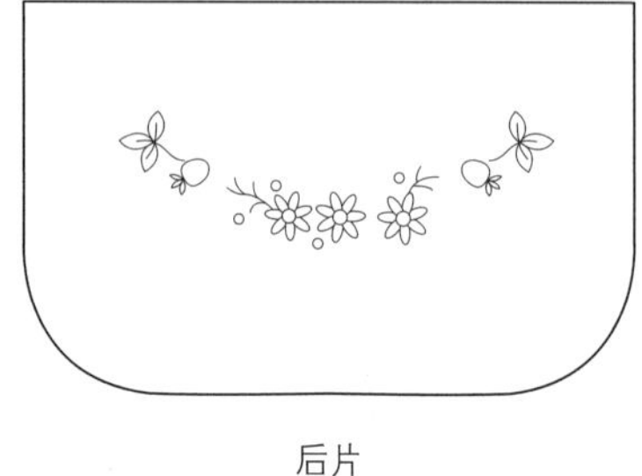

后片

**2.** 裁剪2块里布，分别与前片表布、后片表布正面相对，留返口缝合，再翻回正面。缝合返口，压线完成前片、后片。

**3.** 裁剪2块8cm×50cm另加缝份的侧片表布，裁剪1块8cm×50cm的带胶铺棉。铺棉与侧片表布正面相对重叠，留返口缝合。再翻回正面，缝合返口，以1cm间隔斜方向交叉压线。

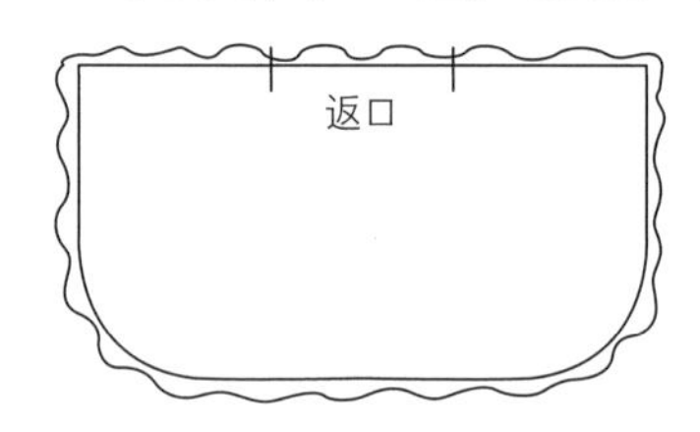

侧片

**4.** 将前片、后片分别和侧片对好中心点，用藏针缝缝合制作成袋身。

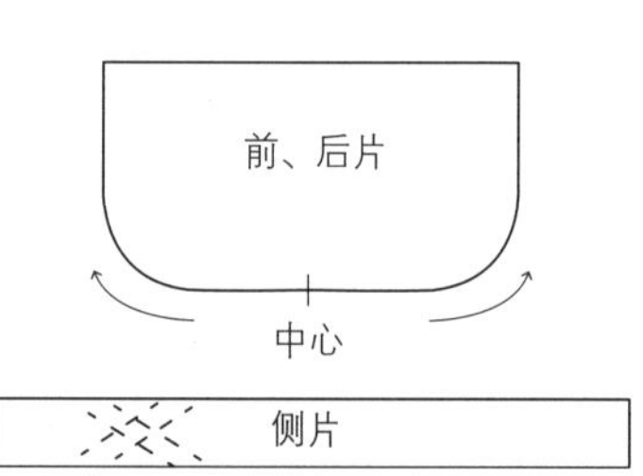


**5.** 在袋身包口位置缝出褶皱。

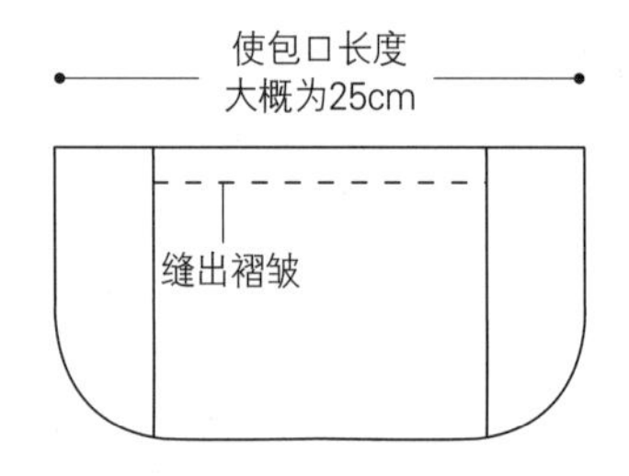


**6.** 将包口卡进口金框架内，用回针缝缝合，装上皮提手，完成。

## 刺绣平面图（前片）

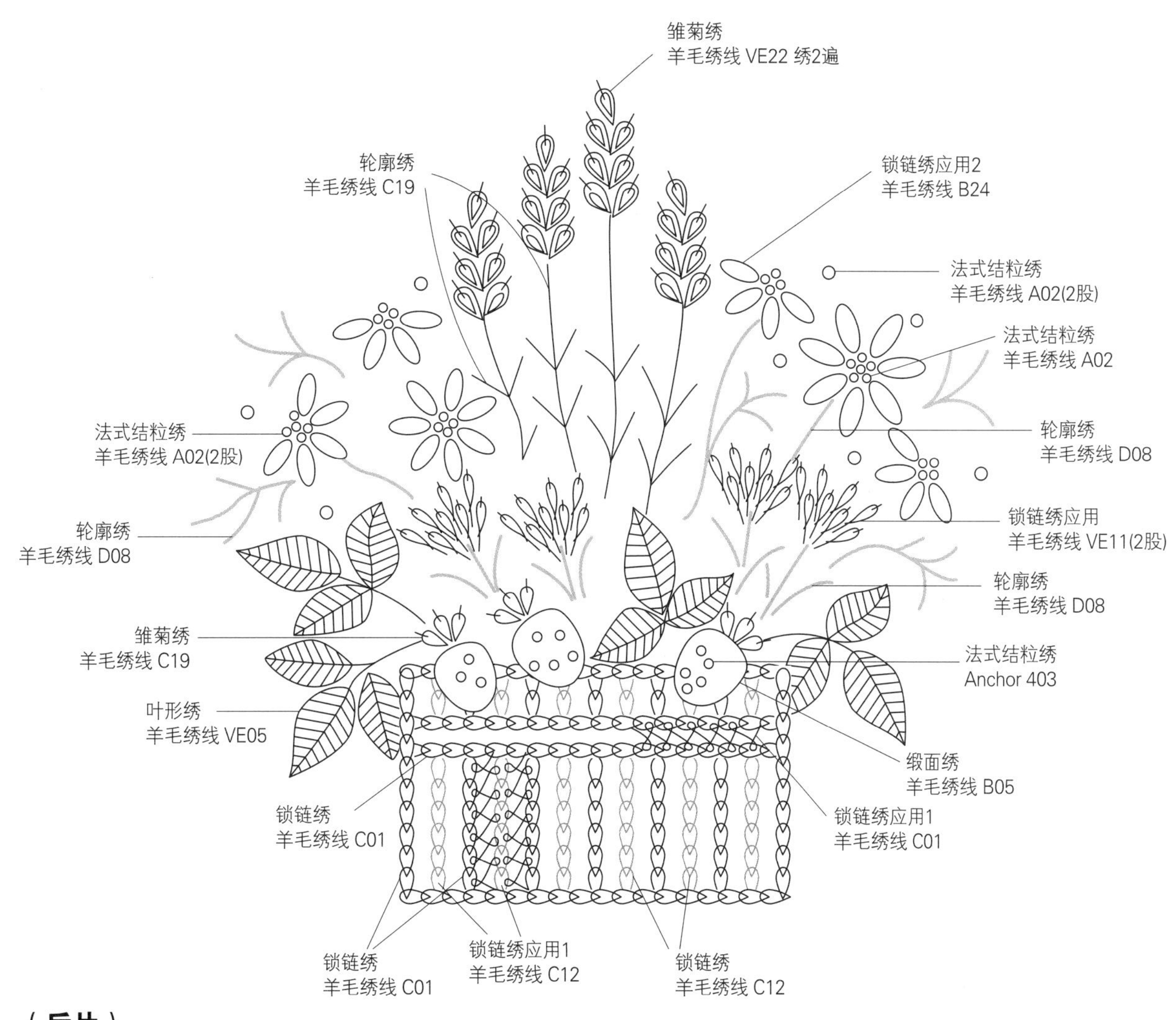

雏菊绣
羊毛绣线 VE22 绣2遍
轮廓绣
羊毛绣线 C19
锁链绣应用2
羊毛绣线 B24
法式结粒绣
羊毛绣线 A02(2股)
法式结粒绣
羊毛绣线 A02
法式结粒绣
羊毛绣线 A02(2股)
轮廓绣
羊毛绣线 D08
轮廓绣
羊毛绣线 D08
锁链绣应用
羊毛绣线 VE11(2股)
轮廓绣
羊毛绣线 D08
雏菊绣
羊毛绣线 C19
法式结粒绣
Anchor 403
叶形绣
羊毛绣线 VE05
缎面绣
羊毛绣线 B05
锁链绣
羊毛绣线 C01
锁链绣应用1
羊毛绣线 C01
锁链绣
羊毛绣线 C01
锁链绣应用1
羊毛绣线 C12
锁链绣
羊毛绣线 C12


## （后片）

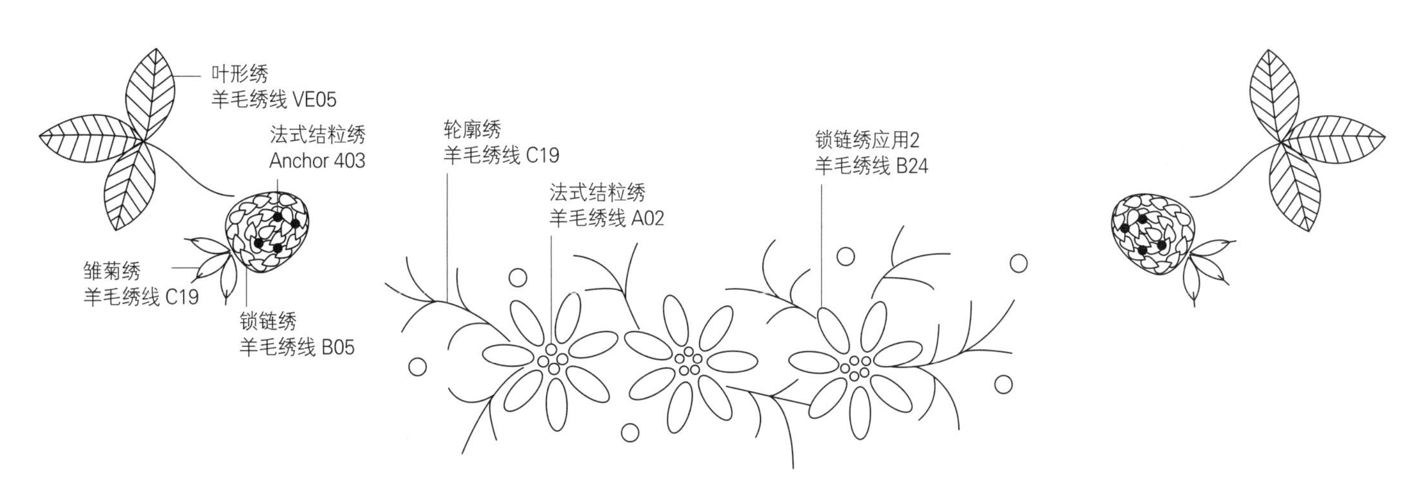

叶形绣
羊毛绣线 VE05
法式结粒绣
Anchor 403
雏菊绣
羊毛绣线 C19
锁链绣
羊毛绣线 B05
轮廓绣
羊毛绣线 C19
法式结粒绣
羊毛绣线 A02
锁链绣应用2
羊毛绣线 B24

# 波士顿包

作品P9

**[所需材料]**

先染布 深灰色90cm×37cm；格纹先染布 墨色、米色各2块22cm×37cm；里布 50cm×110cm；拉链（黑色）30cm；包边条150cm；带胶铺棉；天然牛皮提手（BY22-4801）

**[刺绣线]**

羊毛绣线 C07(深绿色)、C15（浅绿色）、C20(黄绿色)、B13(黄色)、E24(米色)

---

**1.** 按照纸型裁剪深灰色先染布，制作前片、后片、底片、侧片表布。
在前片和后片表布上绘制图案，并进行刺绣。裁剪格纹先染布，在刺绣图案两侧缝上波浪形贴布。

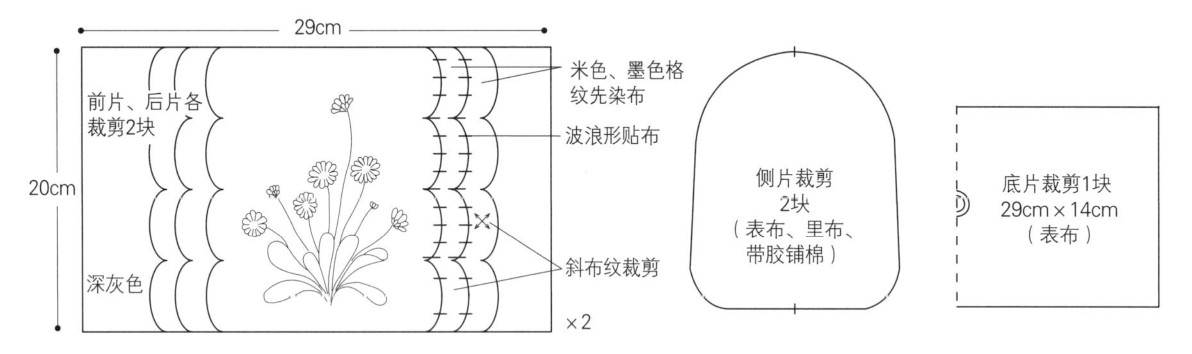


请按斜布纹裁剪格纹布（另加0.5cm缝份）来做波浪形的贴布。

**2.** 缝合拼接前片、底片、后片成为主体表布。按照拼接后的尺寸裁剪同样大小的里布、带胶铺棉。

**3.** 从下往上把带胶铺棉、表布、里布重叠并缝合上下两侧，剪掉多余缝份。

**4.** 从没有缝合的边翻回正面。剪掉包口多余缝份，如图用包边条包边。

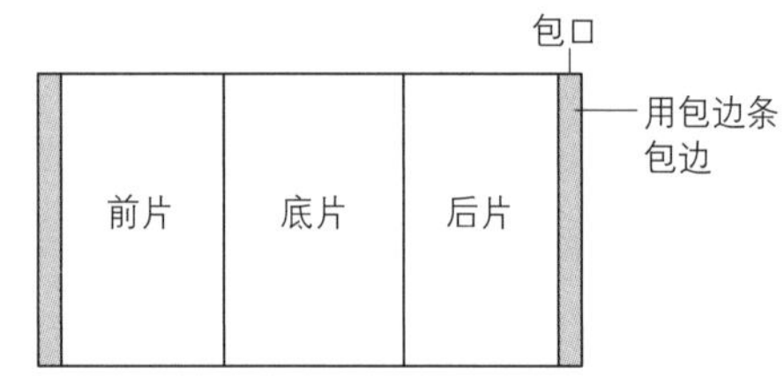


**5.** 从下到上把侧片的带胶铺棉、表布、里布重叠，边缘用包边条做成出芽。
在侧片做交叉压线。

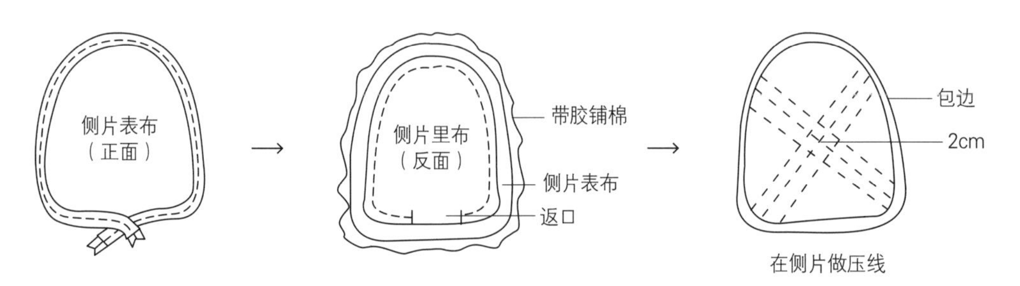


在侧片做压线

**6.** 裁剪2块3cm×3cm的布做耳标。

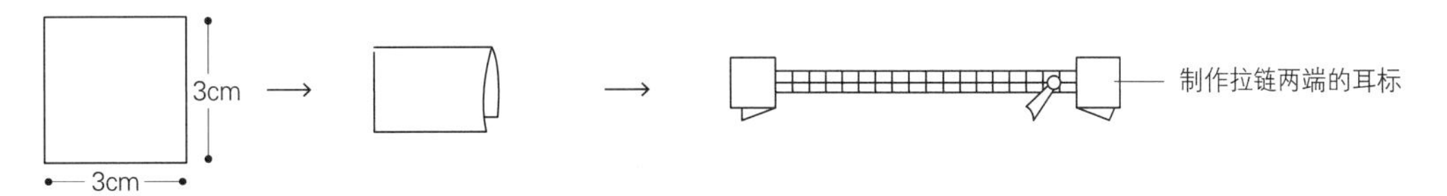


**7.** 在主体包口装上拉链（1cm宽）。

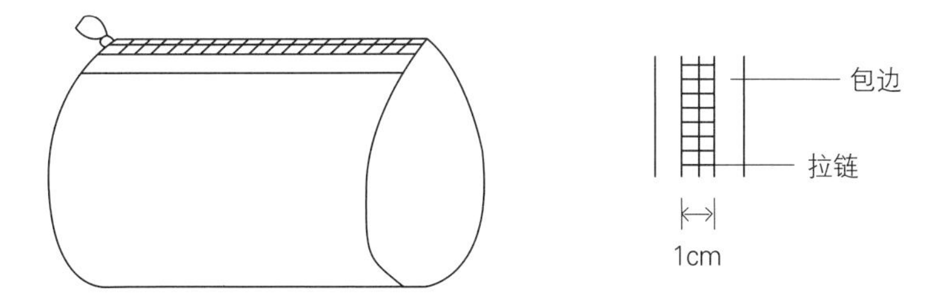


**8.** 将主体中心位置与两侧片中心位置对齐固定，缝合。

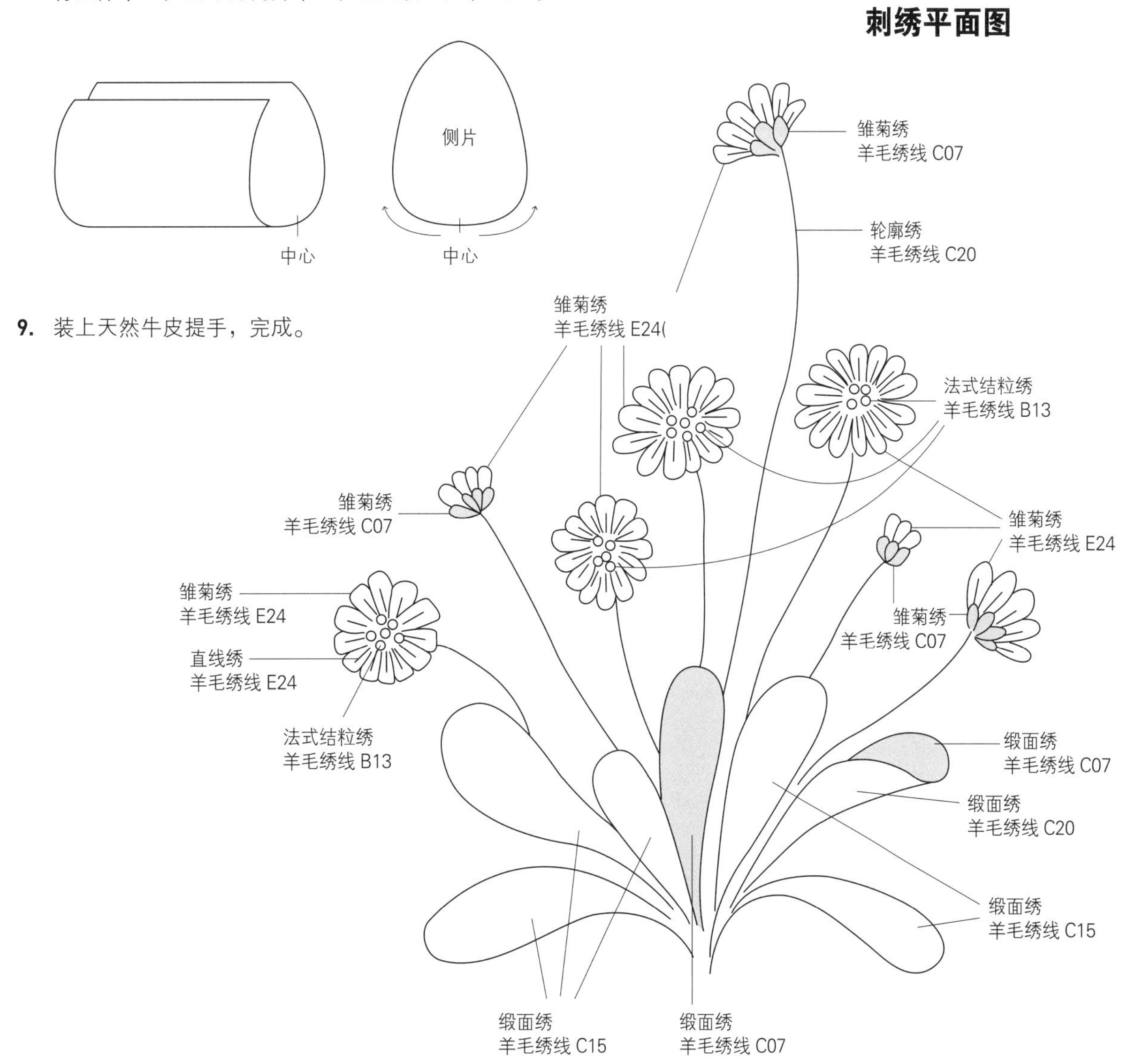


**9.** 装上天然牛皮提手，完成。

# 布书皮

作品P9

**【所需材料】**

先染布 深灰色35cm×25cm、绿色35cm×10cm；里布35cm×110cm；带胶铺棉；皮扣；牛皮绳；包扣2颗；装饰皮标

**【刺绣线】**

羊毛绣线 C20(黄绿色)、C07(深绿色)、C15（浅绿色）、B13(黄色)、E24(米色)、C11(土黄色)

---

1. 按照纸型裁剪深灰色和绿色先染布，拼接缝合成表布。
2. 在表布右侧绘制图案，在反面贴上带胶铺棉，并进行刺绣。

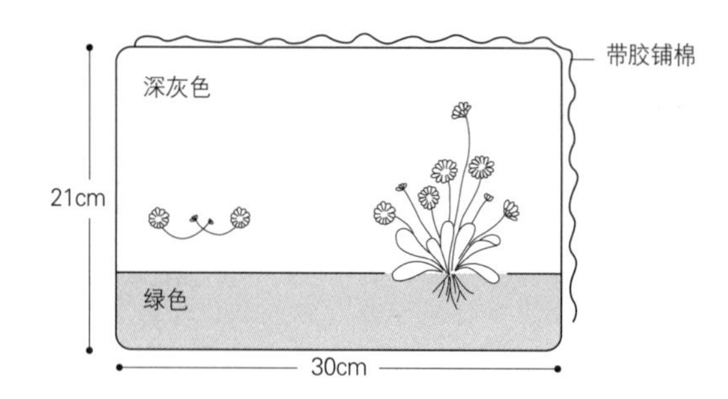


3. 裁剪11cm×70.5cm的里布（包含缝份），参照下图制作卡位夹。
4. 裁剪21cm×21.5cm的里布（包含缝份），对折缝合，制作零钱袋。

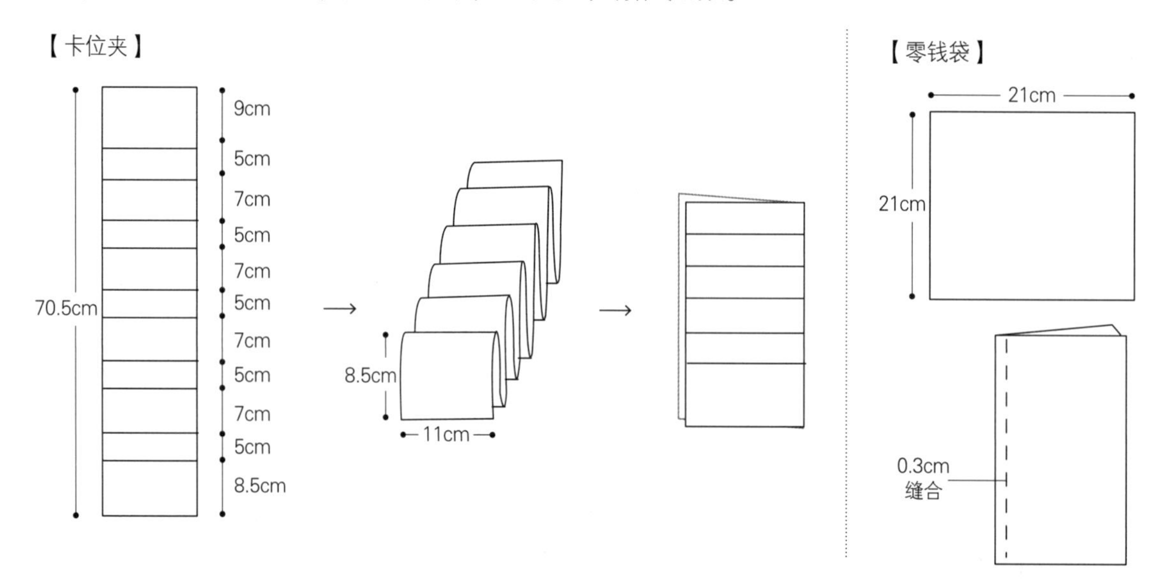


5. 裁剪里布，卡位夹和零钱袋分别对齐左、右边放置，再与主体表布重叠，留返口缝合一圈，从返口翻回正面。在主体上部中间位置放入牛皮绳和包扣，疏缝。完成。

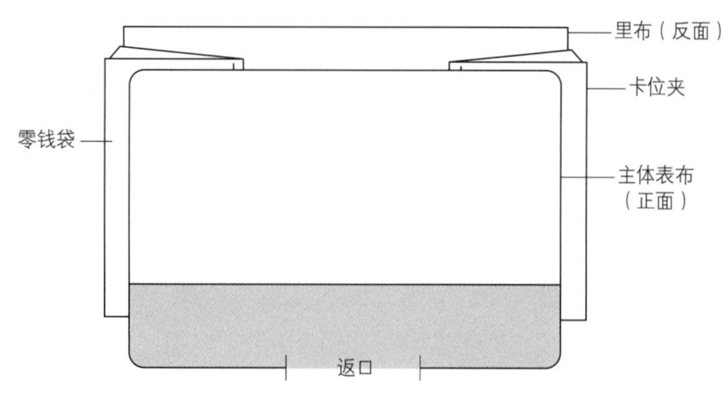


6. 缝合皮扣和装饰皮标，再装进书或者日记本内册，完成。

## 刺绣平面图

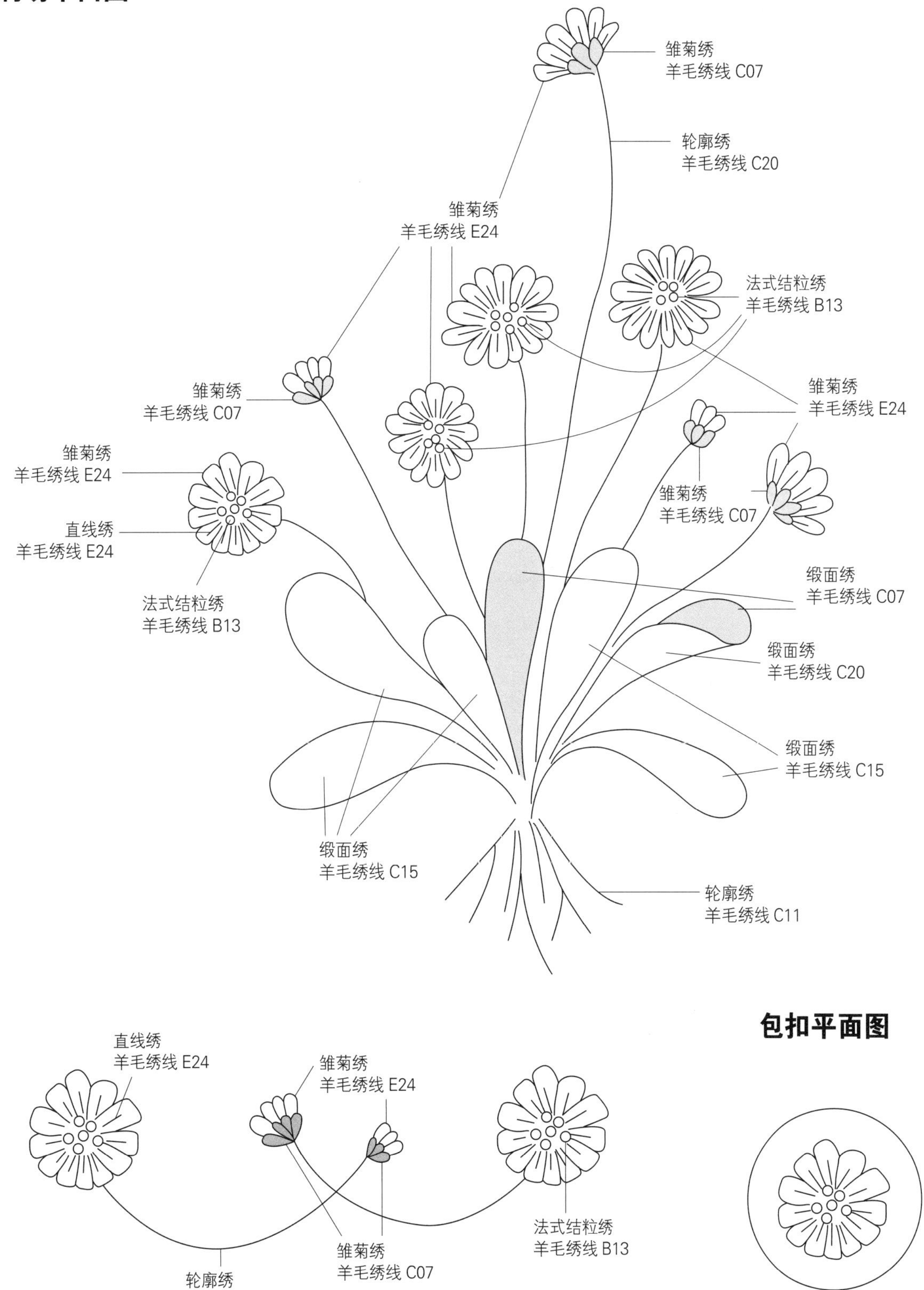
雏菊绣
羊毛绣线 C07
轮廓绣
羊毛绣线 C20
雏菊绣
羊毛绣线 E24
法式结粒绣
羊毛绣线 B13
雏菊绣
羊毛绣线 C07
雏菊绣
羊毛绣线 E24
雏菊绣
羊毛绣线 E24
直线绣
羊毛绣线 E24
雏菊绣
羊毛绣线 C07
法式结粒绣
羊毛绣线 B13
缎面绣
羊毛绣线 C07
缎面绣
羊毛绣线 C20
缎面绣
羊毛绣线 C15
缎面绣
羊毛绣线 C15
轮廓绣
羊毛绣线 C11
直线绣
羊毛绣线 E24
雏菊绣
羊毛绣线 E24
法式结粒绣
羊毛绣线 B13
雏菊绣
羊毛绣线 C07
轮廓绣
羊毛绣线 C15

## 包扣平面图

# 时尚翻领马甲

作品P11

**【所需材料】**

墨色布约180cm（表布）；浅灰色布约180cm（里布）；黏合衬；包扣4颗

**【刺绣线】**

羊毛绣线 E04、E18、E22、B24、C16、A02

**1.** 按照纸型裁剪马甲表布和里布，按照图示贴黏合衬。腰带装饰和两个口袋也用同样的方法制作。

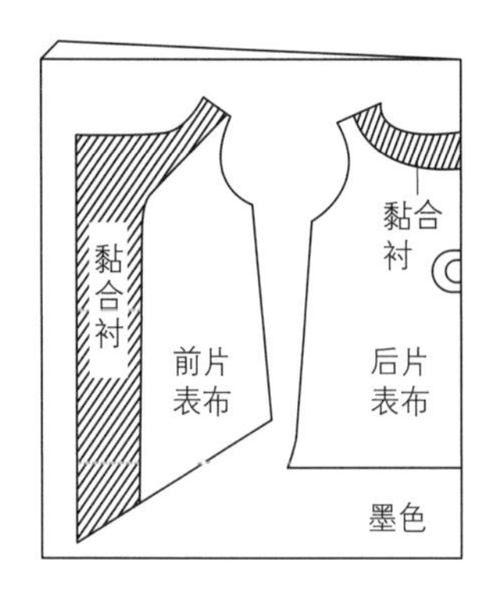


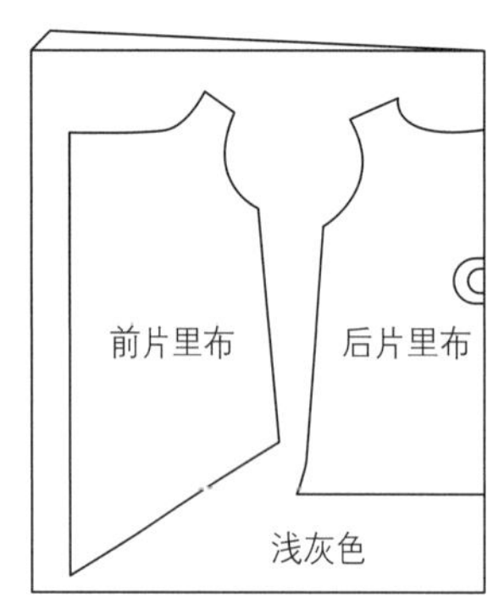


**2.** 分别在里布的翻领左侧、右侧绘制图案并进行刺绣。

**3.** 在腰带装饰和两个口袋上绘制图案并进行刺绣。

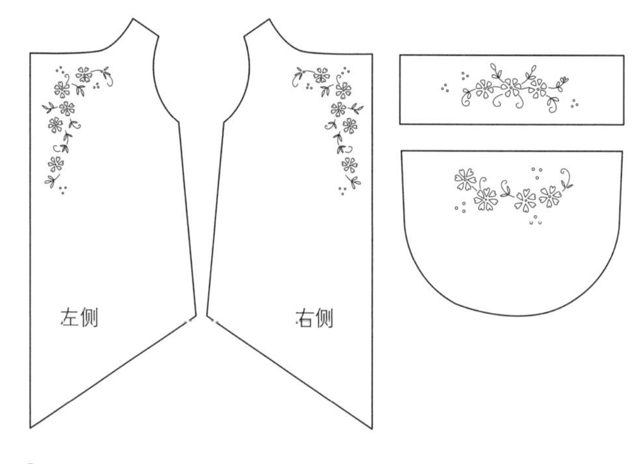


**4.** 拼接主体。

①后片表布和2片前片表布在肩线位置缝合，做成主体表布。后片里布和2片前片里布在肩线位置缝合，做成主体里布。

②主体表布和主体里布正面相对，按照图片上的线缝合前片下摆、衣襟、领口，再缝合袖口、后片下摆。从返口翻到正面，再把返口部分的缝份内折，缝合侧身。

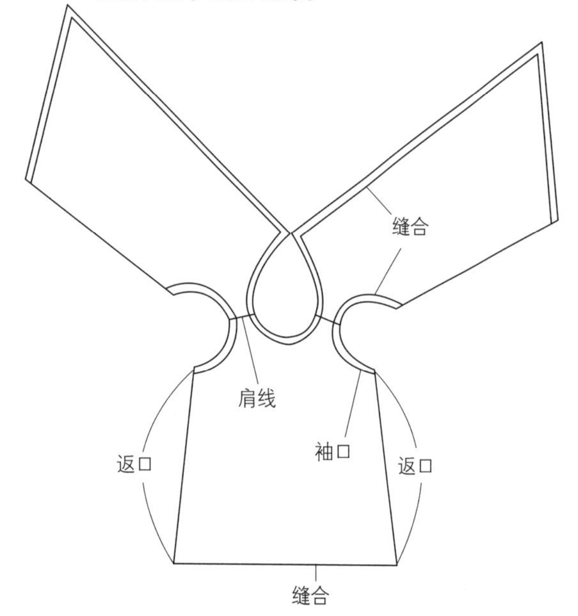


③分别把口袋和腰带装饰的表布、黏合衬、里布重叠，留返口缝合，翻回正面压线。

④口袋放到马甲前片两侧位置并缝合。腰带装饰放到马甲后片并缝合，用4颗包扣上、下、左、右固定腰带4角。

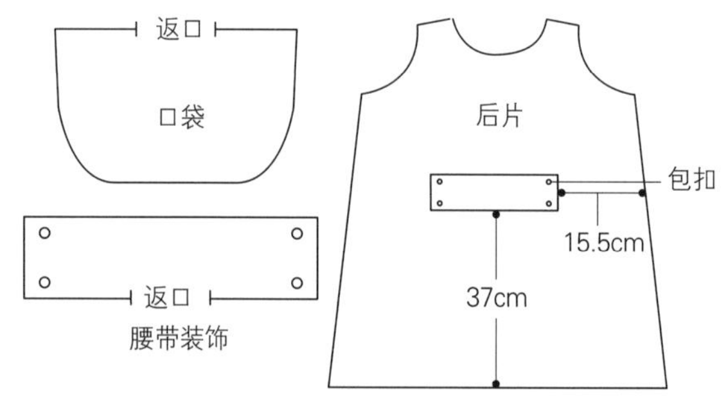


⑤用平针绣装饰马甲领口、衣襟和下摆。

## 刺绣平面图（在里布的翻领位置进行刺绣）

★绘制右侧翻领时请翻转图形。

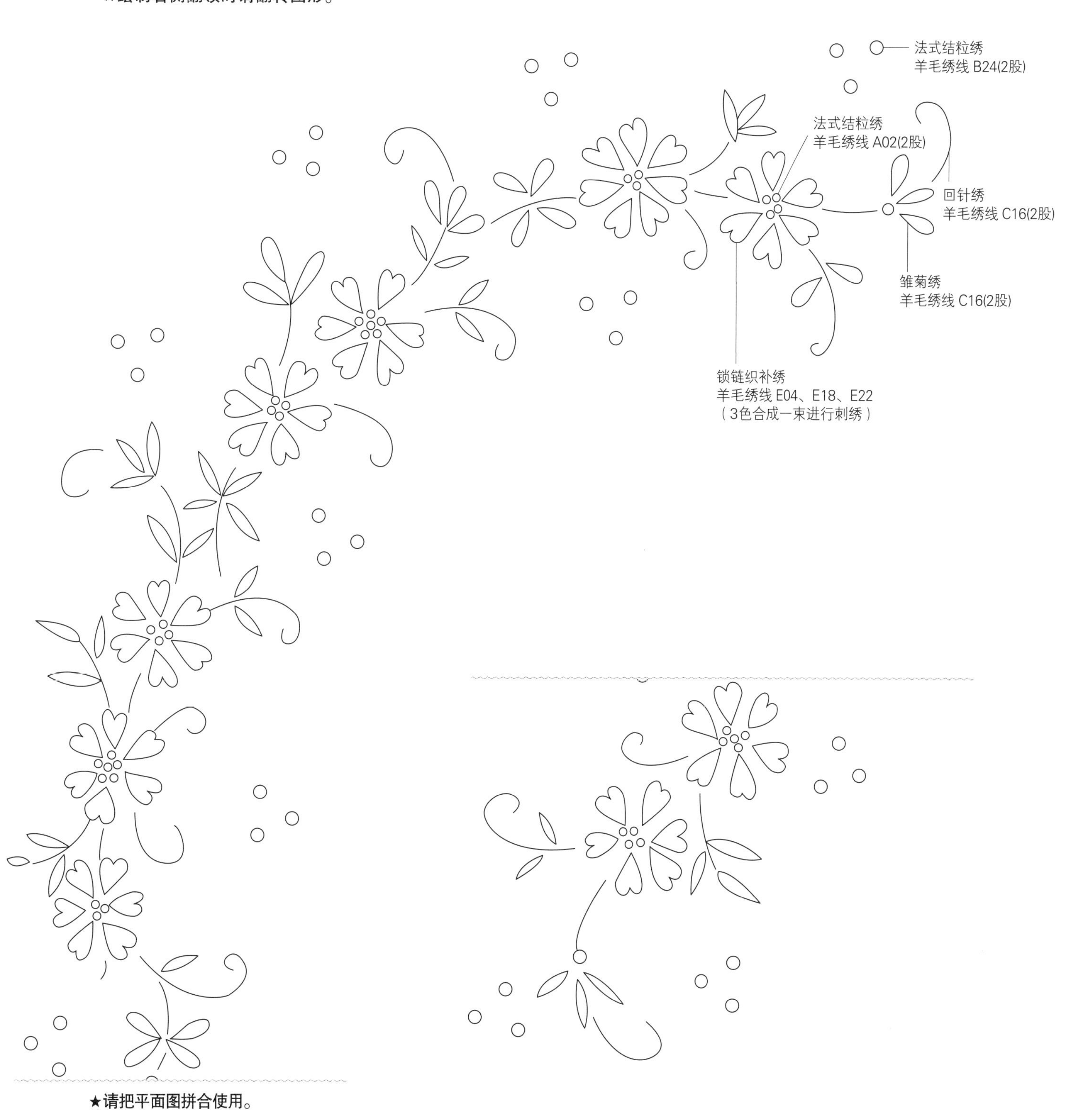


★请把平面图拼合使用。

## 刺绣平面图（口袋）

★刺绣针法参考P53。

## 刺绣平面图（腰带装饰）

# 玫瑰胸针 玫瑰镜子

作品P12

【所需材料】

先染布 紫色(胸针)12cm×12cm、墨色（镜子）12cm×12cm；带胶铺棉

【刺绣线】

羊毛绣线 VE19、B04、VE16

1. 裁剪布料，绘制图案，在布料反面贴上带胶铺棉。
2. 进行刺绣。
3. 把绣好的布装在胸针或镜子上，完成。

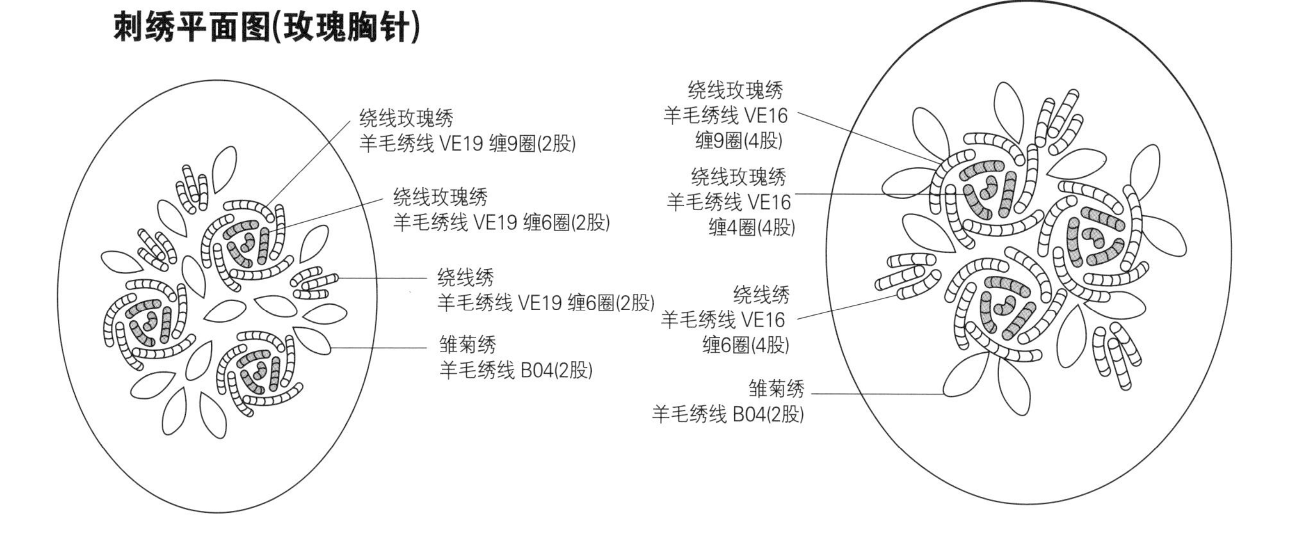


# 带花边的刺绣手绢

作品P40

【所需材料】

蕾丝手绢半成品

【刺绣线】

Anchor 25号线 60、293、103、843、167、271、254、292、158

在半成品手绢边角处绘制图案，并进行刺绣。

### 刺绣平面图

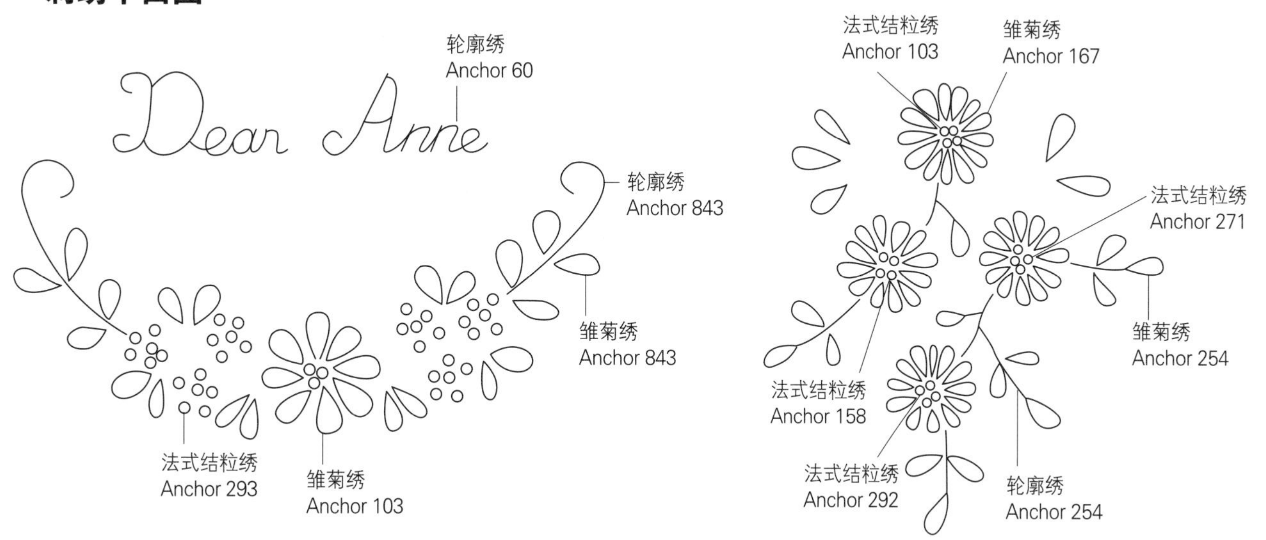

# 时尚挎包

作品P11

【所需材料】

先染布 墨色30cm×40cm；带胶铺棉或黏合衬30cm×20cm；半成品挎包；提手

【刺绣线】

Anchor 25号线 298、276、211、1201

1. 裁剪2块墨色先染布做表布，在布面绘制图案。

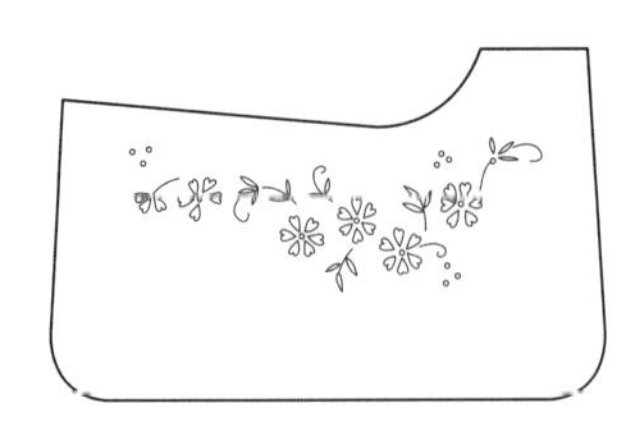

2. 在表布反面贴上带胶铺棉或黏合衬，熨烫贴合，再进行刺绣。
3. 留1cm缝份裁剪，曲线部分的缝份用剪刀剪出牙口，留返口缝合一圈。翻回正面，缝合返口。
4. 把刺绣布放在半成品挎包上并缝合在一起。

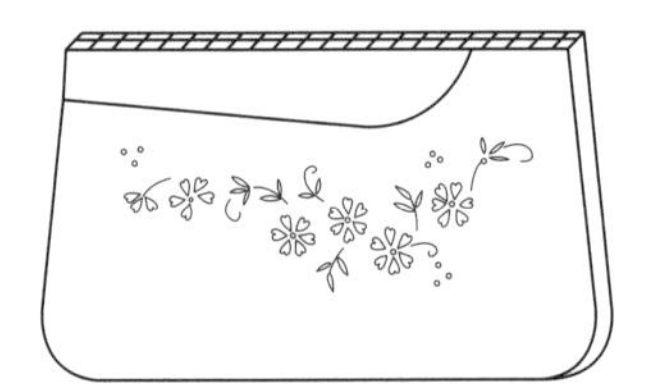

5. 装上提手，完成。

## 刺绣平面图

# 小雏菊支架口金包

作品P18

**【所需材料】**

先染布 紫色30cm×37cm、灰色30cm×37cm；格纹先染布 粉色5cm×10cm；里布30cm×37cm；珠子20颗；带胶铺棉；支架口金15cm；拉链35cm；牛皮绳10cm；包扣（中）2cm 6颗

**【刺绣线】**

羊毛绣线 VE11、VE15、VE16、VE18、VE20、VE22；Anchor 25号线 262、844、378

---

1. 按照纸型裁剪紫色、灰色先染布和带胶铺棉。（紫色13.5cm×13.5cm 2块；灰色9.5cm×13.5cm 4块；底片灰色29.5cm×10.5cm；用于包支架口金的布 紫色29.5cm×6cm 2块；带胶铺棉30cm×37cm。）
2. 如右图所示把紫色布和灰色布连接缝合，制作主体表布。在前片中间位置绘制图案，并进行刺绣，缝上珠子做小雏菊的花芯。再裁剪花盆图形的贴布并缝在主体表布上。
3. 在主体表布内侧贴上带胶铺棉，在底片以1cm间隔进行压线。
4. 裁剪29.5cm×34.5cm的里布，和表布正面相对缝合一圈，留返口不缝。
5. 从返口翻回正面，压线后再缝上穿口金的布、拉链。
6. 制作拉链耳标，再把主体包口和穿支架口金的布进行缝合，仅留几针开口处。
7. 在圆形布上刺绣并做成装饰包扣（详细做法参见P42），装在拉链头上。
8. 缝6.5cm的底角。
9. 穿入支架口金，完成。

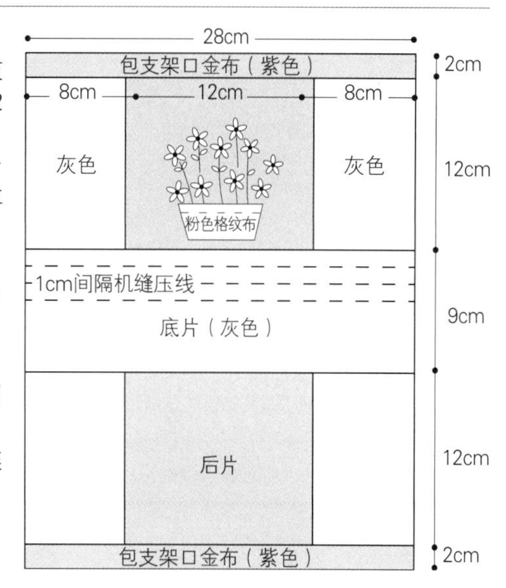


*制作方法和玫瑰刺绣小手提包相似，参见P44。

**刺绣平面图**

雏菊绣 VE20
VE11
VE11
VE11
缝上珠子
VE20
VE22
VE18
VE18
VE22
轮廓绣 Anchor 844
VE22
VE16
VE15
VE20
VE16
VE18
雏菊绣 Anchor 262（叶子）
VE15
VE15
VE15
VE16
轮廓绣 Anchor 844（茎）
轮廓绣 Anchor 378

*图中未标注绣线种类的，皆为羊毛绣线。

**包扣平面图**

# 玫瑰图案皮革手拿包

作品P13

**【所需材料】**

先染布 黑色33cm×33cm；薄黏合衬；黑色人造皮革33cm×33cm；里布33cm×110cm；磁扣2组；D形环(1.2cm)2个；胸针金属框3.5cm×5.5cm；包边条70cm

**【刺绣线】**

羊毛绣线A03、A14、A06、C07、C13

1. 在黑色先染布反面熨烫贴合薄黏合衬，在先染布正面绘制图案，并进行刺绣。
2. 前片（先染布）和后片（人造皮革）正面相对重叠，缝合两侧边和底部（在后片离包口10cm的位置提前装上D形环），翻到正面，完成表袋。

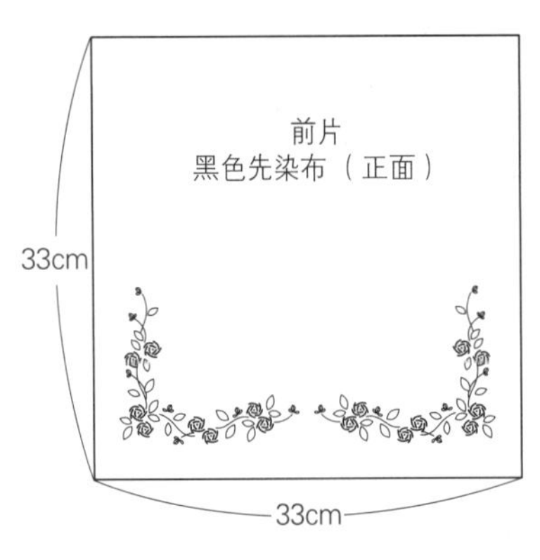


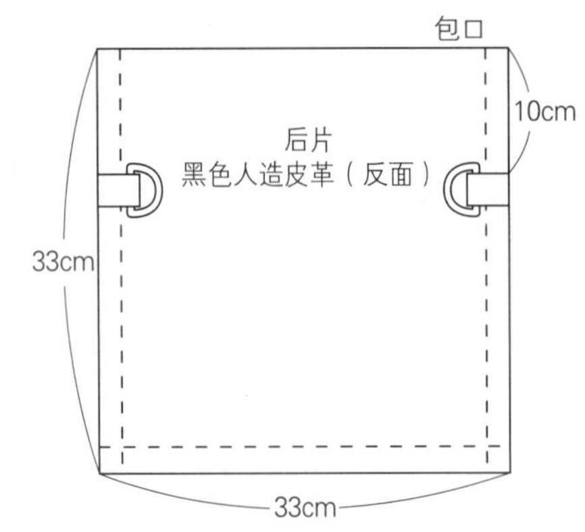


3. 裁剪2块与前片大小相同的里布，正面相对缝合三边（留包口不缝）。完成里袋。
4. 把里袋放到表袋内，包口相对重叠，缝合，用包边条进行包边。在包口中心两侧装上磁扣（2组磁扣间隔为13cm）。

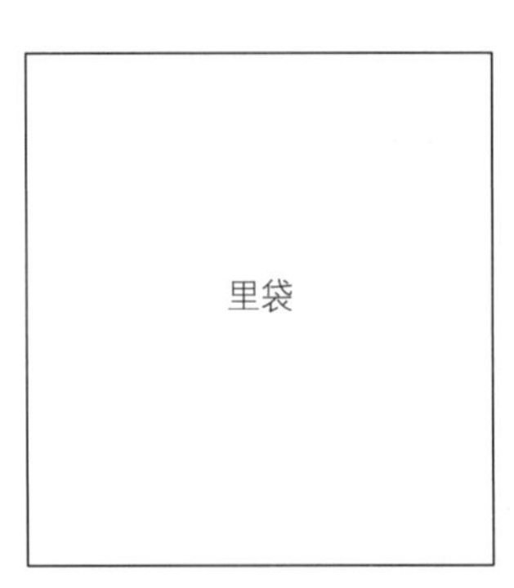


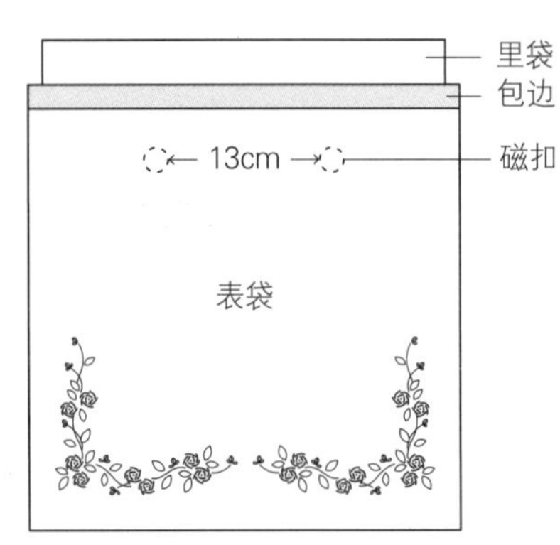


5. 在黑色先染布上进行刺绣，留1cm缝份剪下，装进胸针金属框内。把1cm缝份向内折，手缝固定。

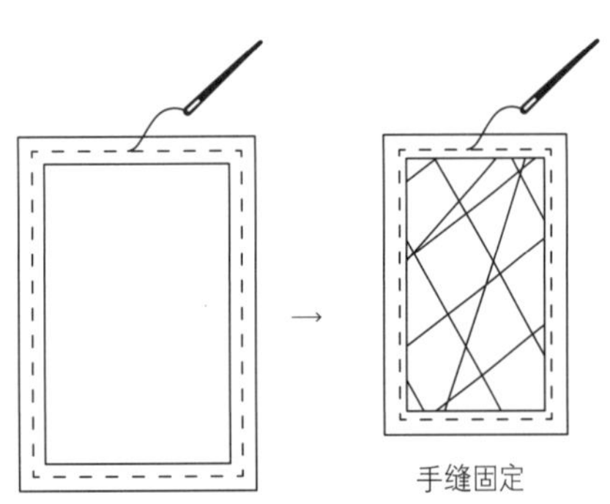


6. 将制作好的包口向下折，把刺绣胸针缝在包口中心位置当装饰扣，完成。

## 刺绣平面图（胸针）

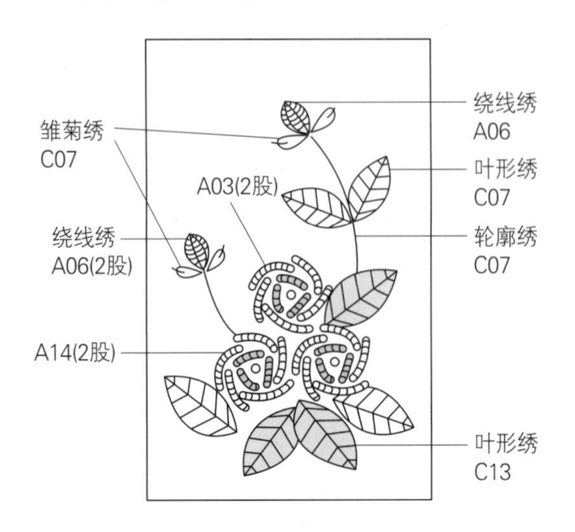

## 刺绣平面图（全部用羊毛绣线）

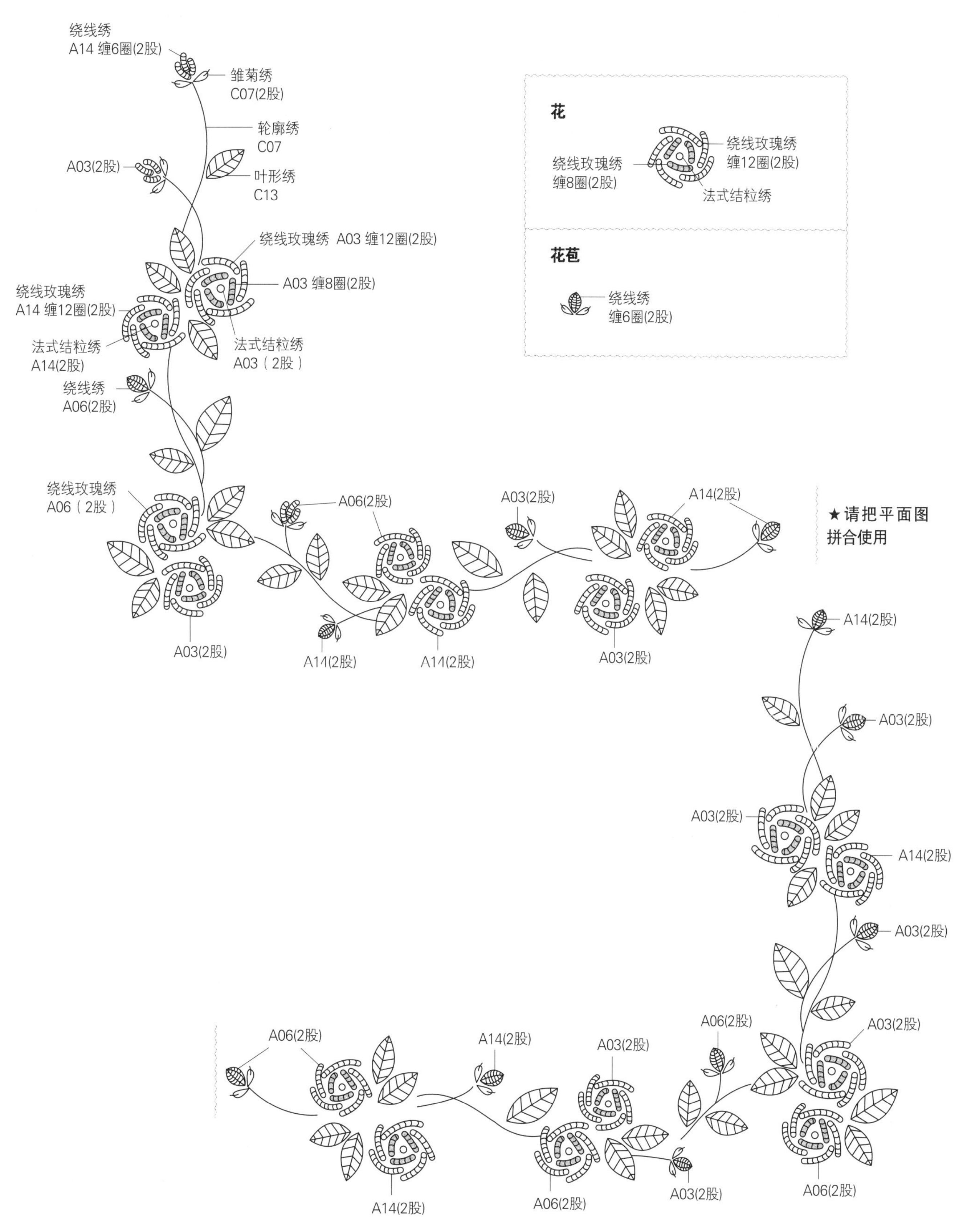

# 月光窗格两用包

作品P14

**【所需材料】**

先染布 深棕色110cm×37cm；里布110cm×35cm；绣片用布 米色110cm×35cm、浅咖色20cm×20cm、浅灰色30cm×20cm；包边条110cm；皮提手（BY44-1321）；皮扣 棕色（BY12-1002BR）；青铜龙虾扣（BY18-1801BR）；带胶铺棉；黏合衬；磁扣；包扣1颗

**【刺绣线】**

羊毛绣线 VE16、C19、D08、A12、B05、VE22、A02；DMC 25号刺绣线632；Anchor 25号绣线 1035、1038、1046、1084 (1根用于贴布缝）、1009、936

1. 裁剪用于刺绣的布，在反面贴上黏合衬，在正面绘制图案并进行刺绣。
2. 完成刺绣后，把多余的缝份整理后内折。
3. 裁剪3块35cm×37cm的先染布，在反面贴上带胶铺棉。以2.5cm间隔交叉压线。分别作为前片、后片、后侧兜片。

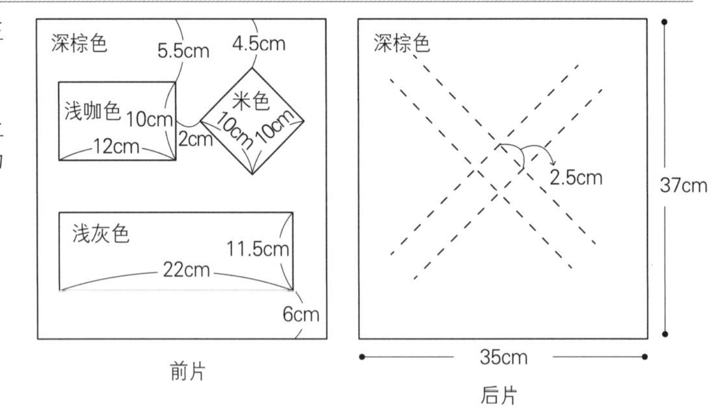


4. 把做好的刺绣片用锁边绣缝在前片上。
5. 取后侧兜片，从上边开始量，剪掉10cm，剩余的部分作为后侧兜，再把剪掉的宽10cm的布条裁剪成2块宽5cm的布条，与2片里布（35cm×33.5cm）相连接缝合。缝合后尺寸为35cm×37cm。
6. 裁剪35cm×27cm大小的后侧兜里布，与后侧兜反面相对，兜口处缝合，并进行包边。

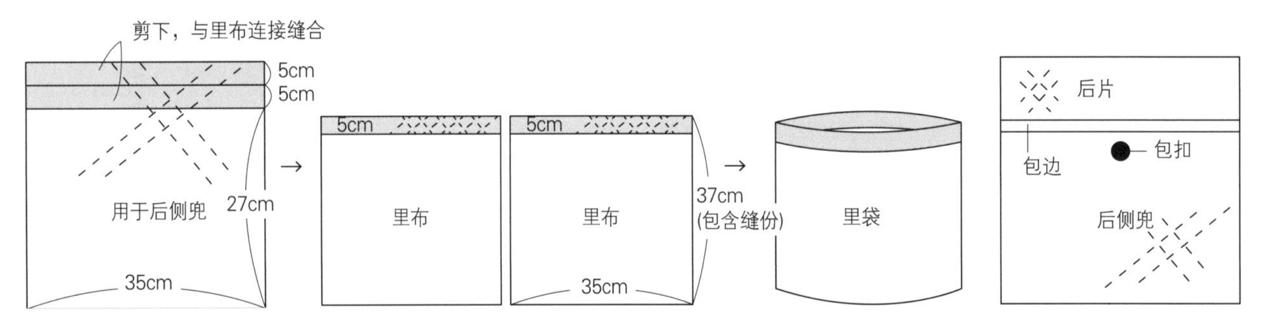


7. 后侧兜放在后片上，用珠针固定。
8. 把前片和后片正面相对重叠，缝合两侧边和底部，再缝5cm的底角。完成表袋。
9. 里布用同样的方法缝合两侧边和底部，再缝5cm的底角。完成里袋。

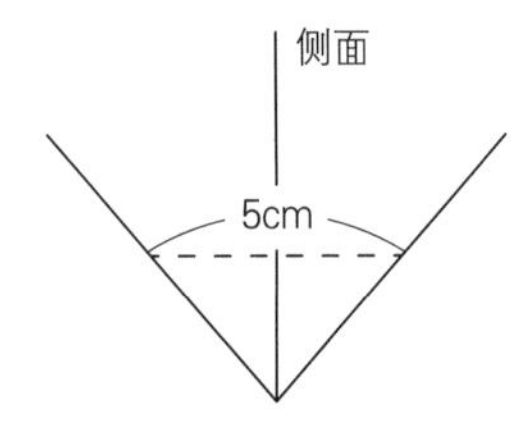


10. 把里袋放进表袋内，用珠针固定。
11. 在包口用包边条进行包边。
12. 在后侧兜内侧装磁扣，外侧装包扣。
13. 装青铜龙虾扣的带子和皮扣。
14. 安装皮提手(皮提手带间隔为11cm)，完成。

## 刺绣平面图

请旋转45°使用

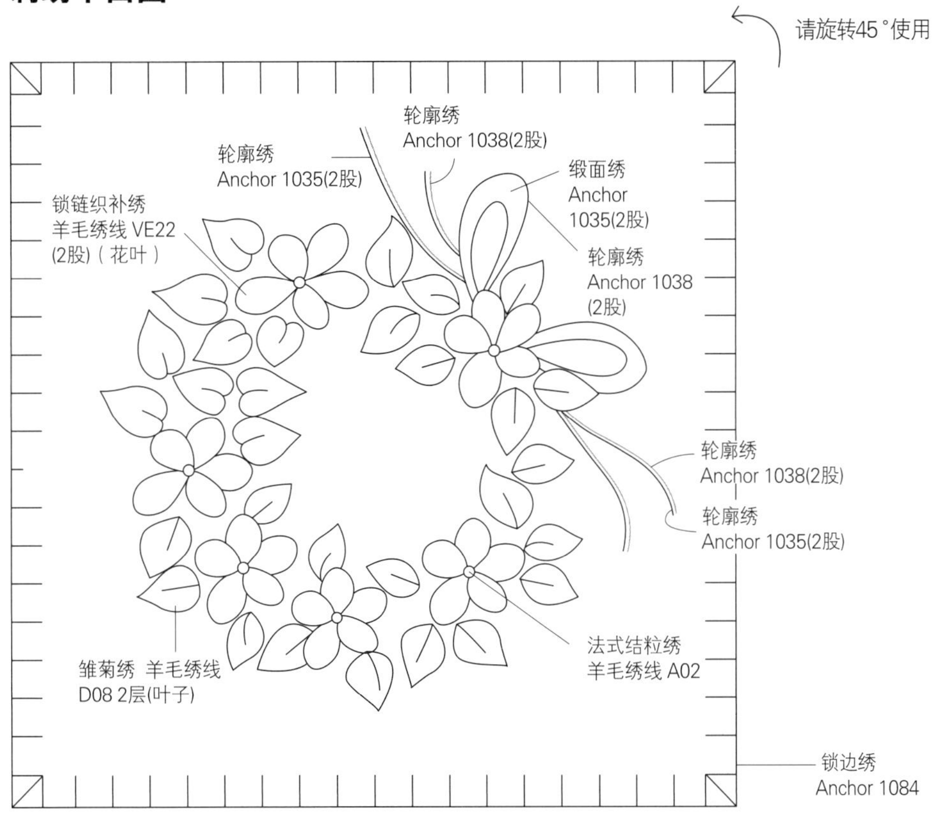


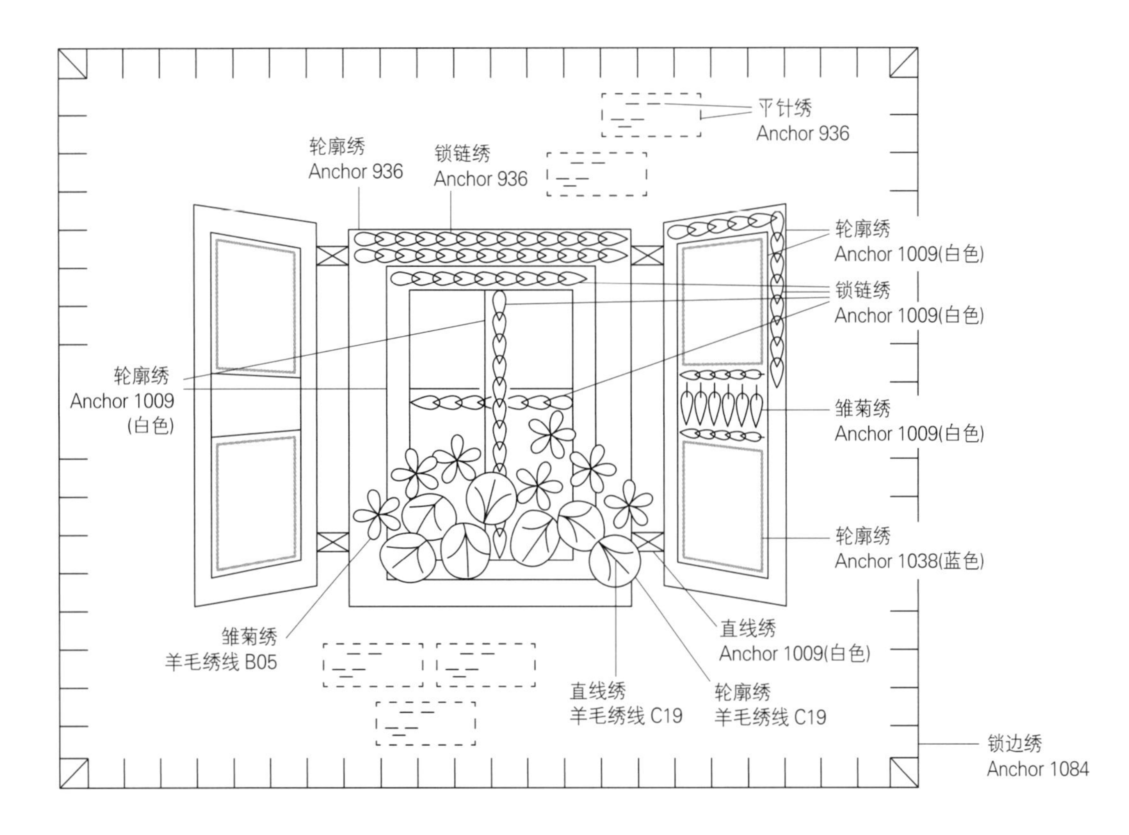

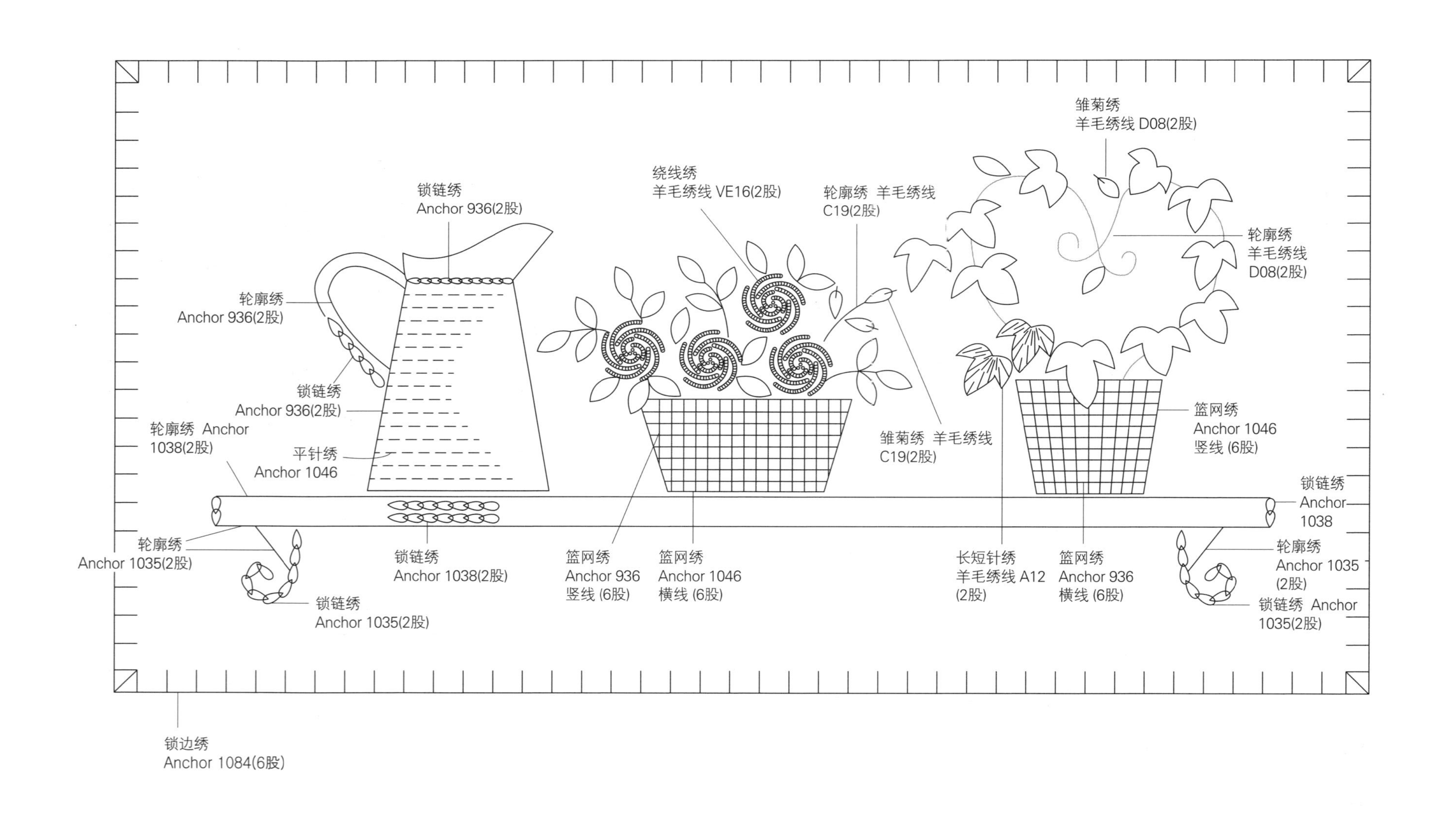
雏菊绣
羊毛绣线 D08(2股)
锁链绣
Anchor 936(2股)
绕线绣
羊毛绣线 VE16(2股)
轮廓绣 羊毛绣线
C19(2股)
轮廓绣
羊毛绣线
D08(2股)
轮廓绣
Anchor 936(2股)
锁链绣
Anchor 936(2股)
轮廓绣 Anchor
1038(2股)
平针绣
Anchor 1046
篮网绣
Anchor 1046
竖线 (6股)
雏菊绣 羊毛绣线
C19(2股)
锁链绣
Anchor
1038
轮廓绣
Anchor 1035(2股)
锁链绣
Anchor 1038(2股)
篮网绣
Anchor 936
竖线 (6股)
篮网绣
Anchor 1046
横线 (6股)
长短针绣
羊毛绣线 A12
(2股)
篮网绣
Anchor 936
横线 (6股)
轮廓绣
Anchor 1035
(2股)
锁链绣
Anchor 1035(2股)
锁链绣 Anchor
1035(2股)
锁边绣
Anchor 1084(6股)

# 春游休闲手提包

作品P19

**【所需材料】**

先染布 墨色55cm×28cm 2块；里布55cm×28cm；皮提手90cm；带胶铺棉

**【刺绣线】**

羊毛绣线 D02、B24；Anchor 25号线258、280、161、298、310、256

1. 裁剪墨色先染布，在布的反面贴上带胶铺棉，并进行刺绣。

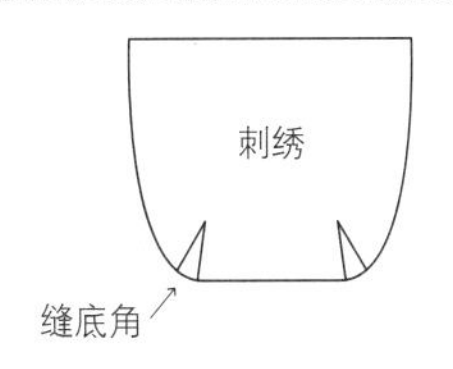


2. 在包的底部打褶后缝底角。
3. 让前片表布和后片表布正面相对重叠，除包口外其余部分缝合，翻到正面，成为表袋(里布用同样的方法制作成里袋）。

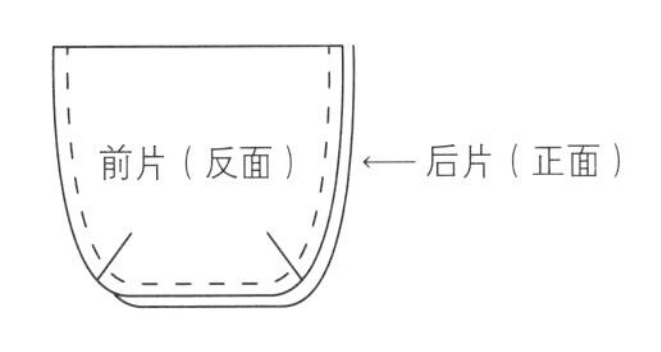


4. 把里袋放到表袋内，包口缝份都向内折。

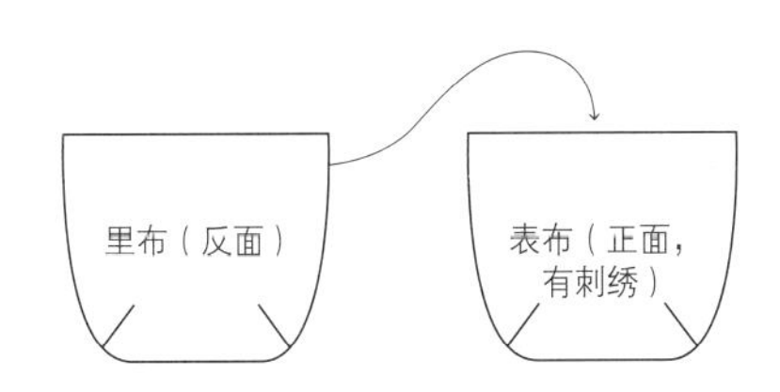


5. 用平针绣装饰包口一圈。

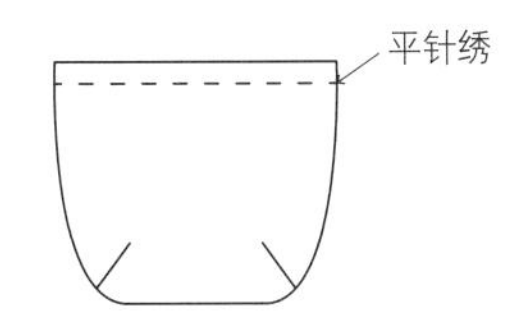


6. 装上皮提手，完成。

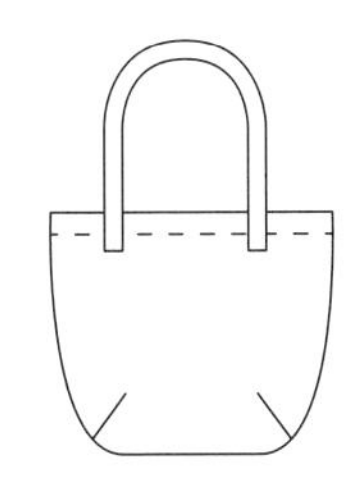

## 刺绣平面图

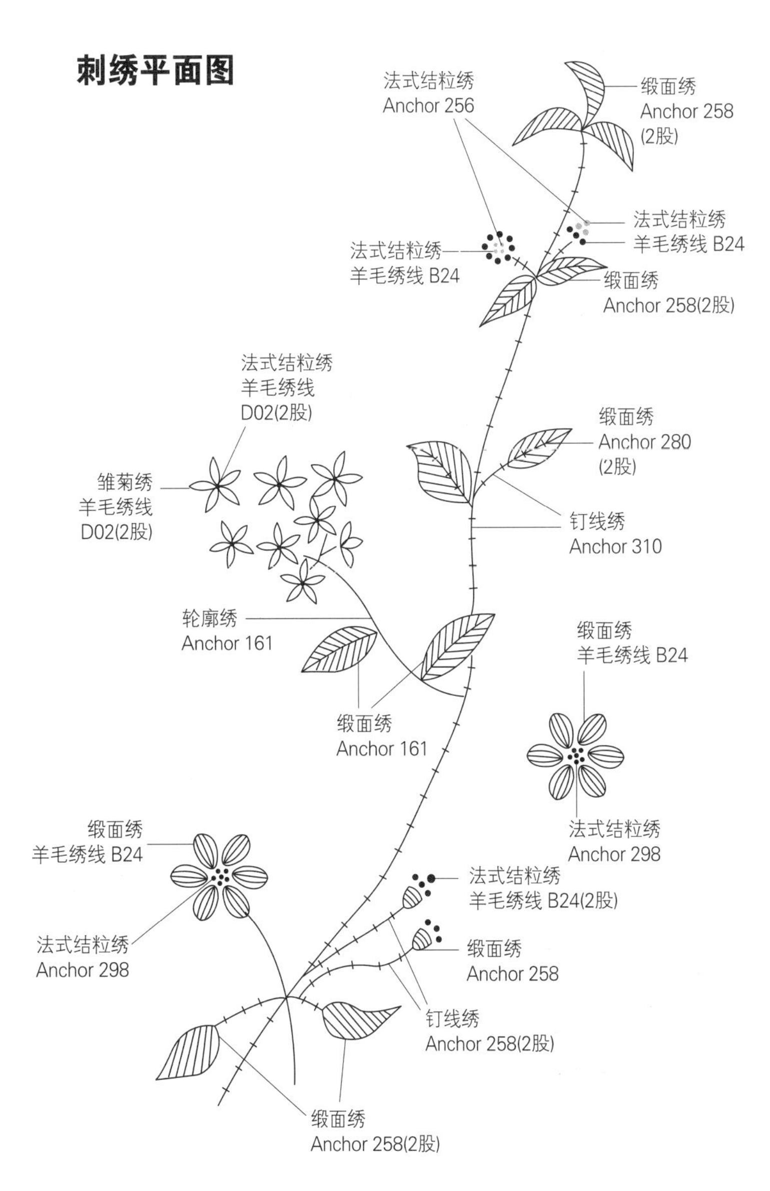

# 字母旅行大包

作品P16

【所需材料】

格纹先染布 黑色(主体表布)90cm×65cm；米色(刺绣布)40cm×30cm；里布90cm×65cm；拉链50cm；青铜龙虾扣（BY18–1815B）；黑色皮提手（BY325701）；青铜脚钉（大）5个；适量皮垫（用于垫脚钉）；带胶铺棉；包扣；牛皮绳

【刺绣线】

羊毛绣线 A23、A01、B21、D11、D19、VE05、VE22；Anchor 25号线 403

1. 裁剪10块7cm×7cm（另加缝份）的米色布，在正面绘制字母图形，并进行刺绣。
2. 在黑色表布反面贴上带胶铺棉，以2.5cm间隔交叉压线，压线与布边的角度为45°。压线后留63cm×88cm（包含缝份），裁掉其余的布。
3. 完成刺绣的布片把缝份折向反面，用锁边绣缝合在包的前、后片。
4. 裁剪63cm×88cm的里布，如图缝上40cm×20cm的口袋。把里布正面相对对折，缝合两侧边，再缝20cm的底角，做成里袋。

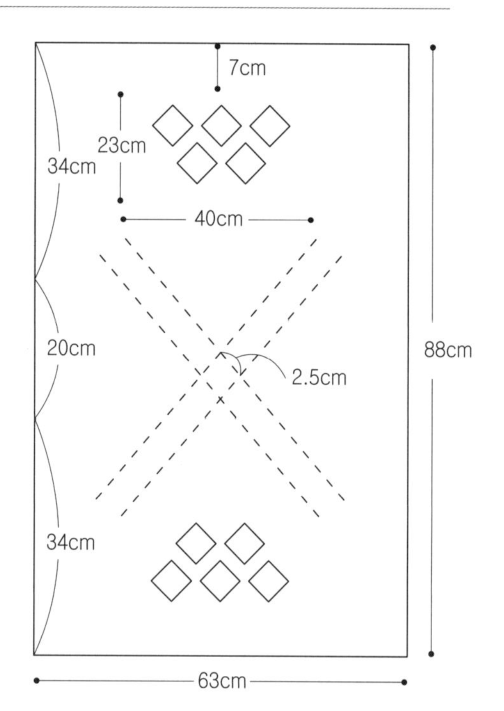


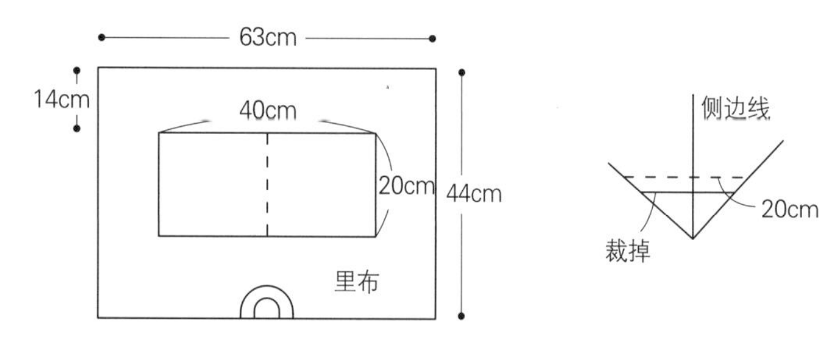


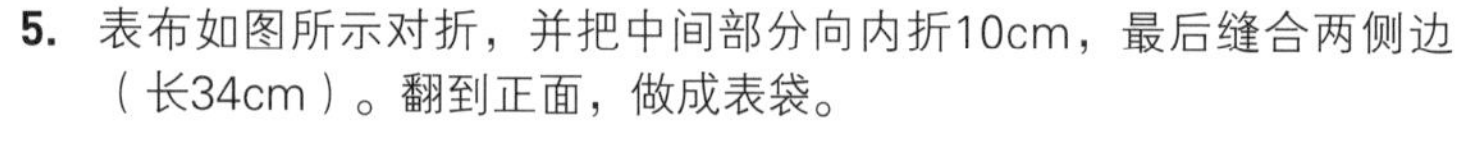

5. 表布如图所示对折，并把中间部分向内折10cm，最后缝合两侧边（长34cm）。翻到正面，做成表袋。

6. 把里袋放入表袋内，用珠针固定包口，用卷针缝缝合。
7. 把拉链放在包口中间的位置，缝合。

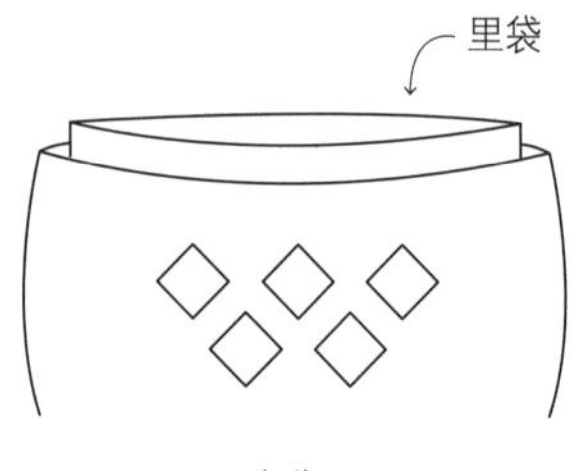

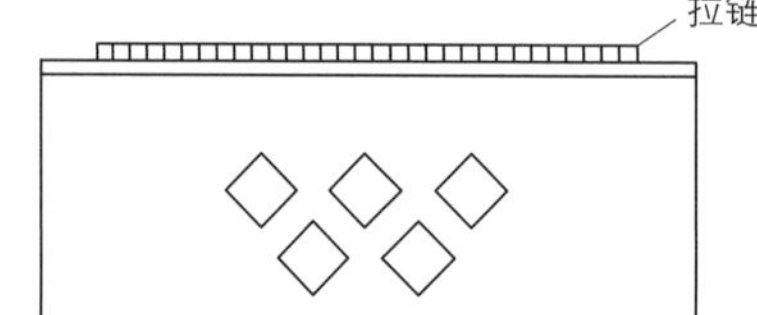

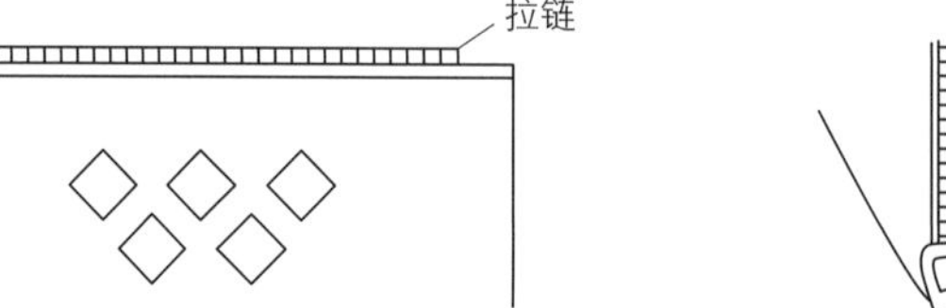


8. 在包两侧做耳标，装上龙虾扣。
9. 装上黑色皮提手，在拉链头上用牛皮绳装上装饰包扣，在大包下面装上皮垫和青铜脚钉，完成。

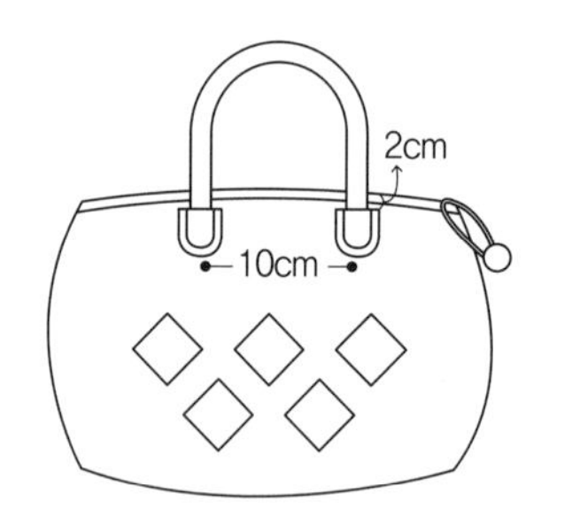

# 字母迷你斜挎包

作品P16

**所需材料】**

格纹先染布 黑色30cm×90cm;刺绣用布米色40cm×40cm；里布30cm×90cm；包边条；D形环2个；肩带1条；拉链；皮扣；带胶铺棉

**【刺绣线】**

参考图标说明。

1. 裁剪4块7cm×7cm（另加缝份）的米色布，在正面绘制字母，并进行刺绣。
2. 制作前口袋：裁剪18cm×17cm的黑色先染布做表皮，与带胶铺棉、里布重叠，以2cm间隔进行压线。袋口部分缝上包边条。

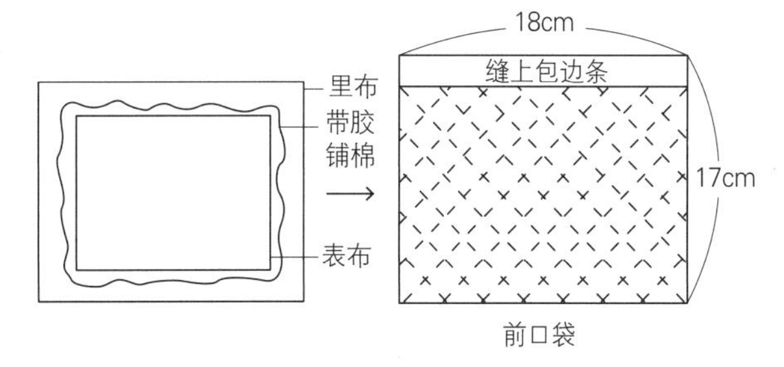


3. 前片表布和后片表布分别裁成18cm×24cm，在反面均贴上带上胶铺棉，以2cm间隔进行压线。最后在前片和后片包口各缝上一个D形环。

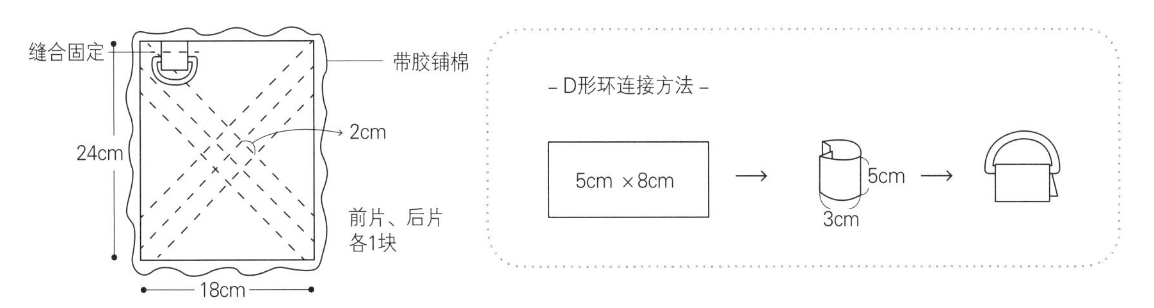


4. 把步骤1中完成的刺绣布片用锁边绣分别缝在口袋、前片和后片上。

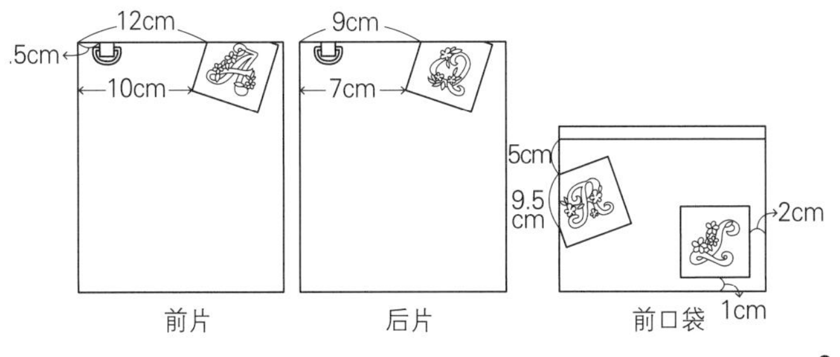


5. 把步骤2做好的前口袋放在前片上，两侧用珠针固定。再把前片、后片正面相对重叠，留包口不缝，两侧边和底部缝合做成表袋。

表面
里面
缝合
0.7cm

6. 剪掉缝份上的带胶铺棉，翻回正面。
7. 裁剪好2块24cm×18cm的里布，正面相对重叠，同样留包口不缝，缝合侧边线和底部，做成里袋。

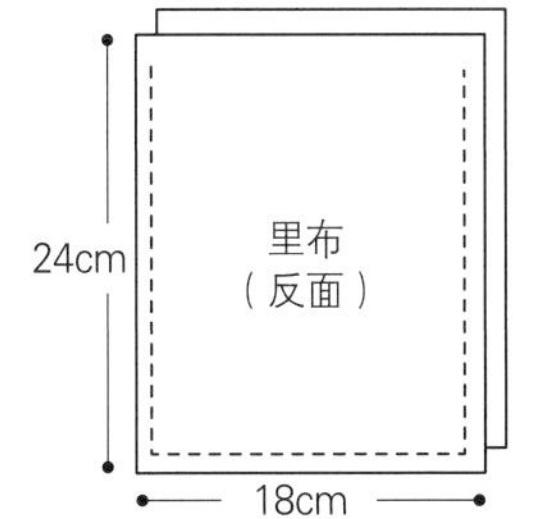


8. 把里袋放入表袋内，固定包口位置，缝上包边条。

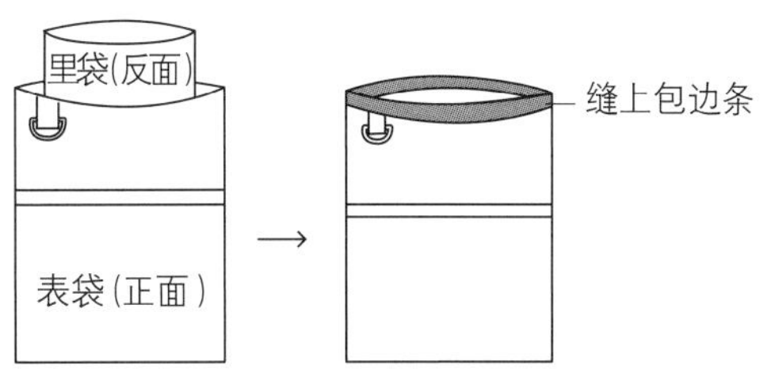


9. 在口袋位置装上皮扣，在包口装拉链。
10. 在D形环上装上肩带，完成。

# 刺绣平面图

请自由选择属于自己的字母吧!

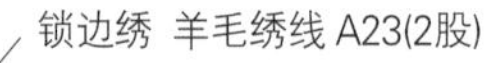


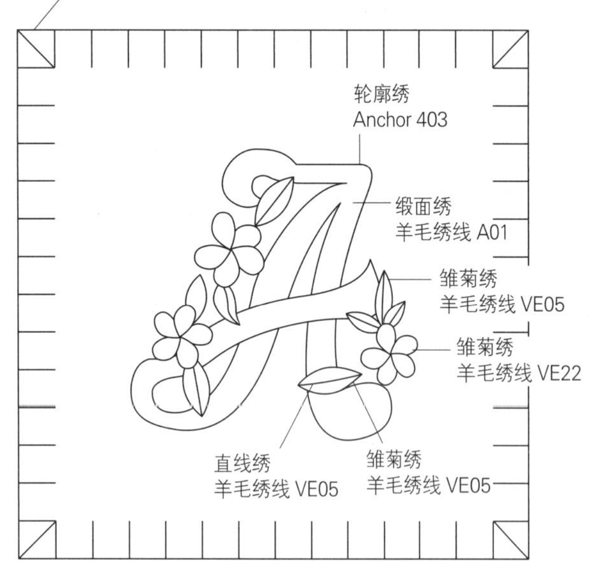


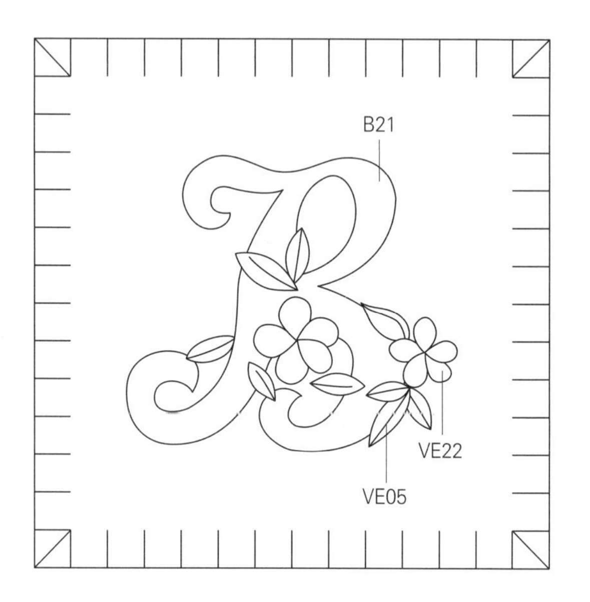


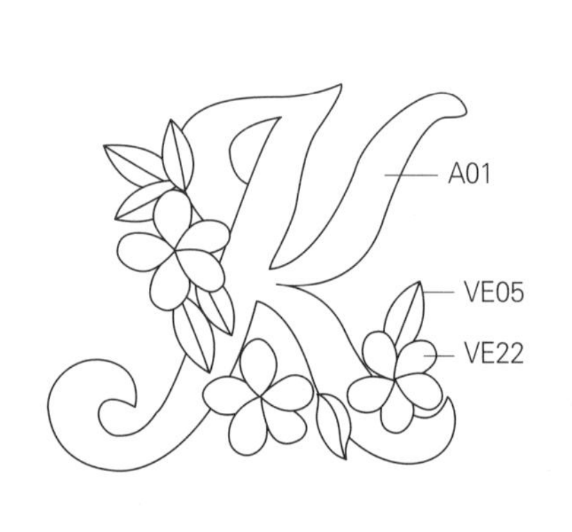


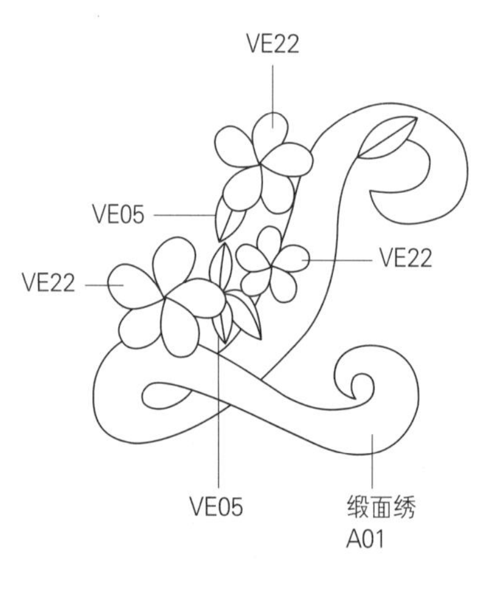


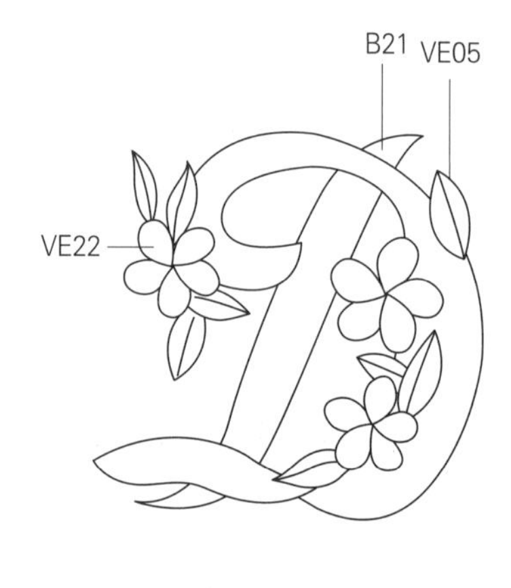


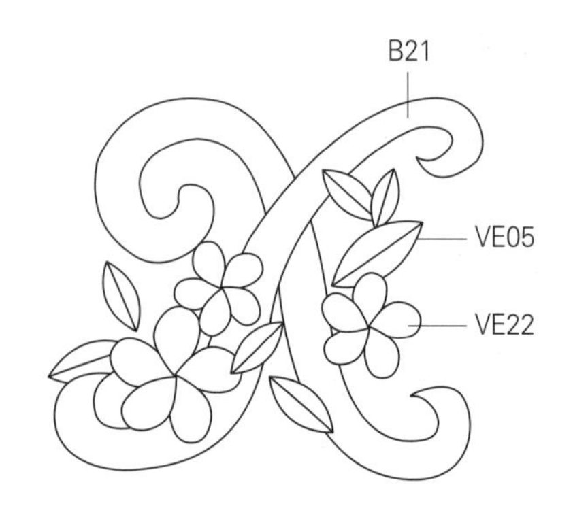


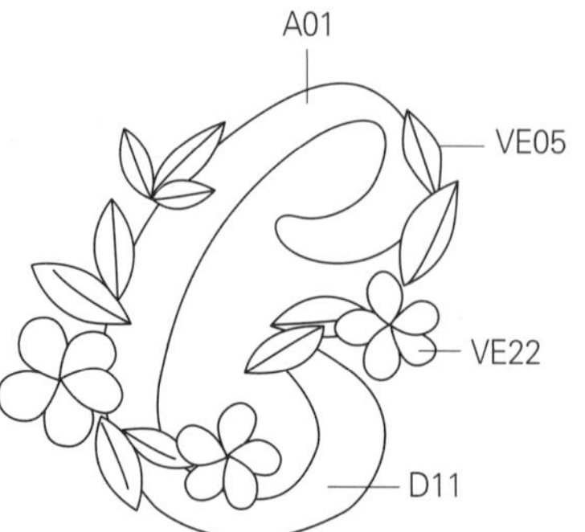


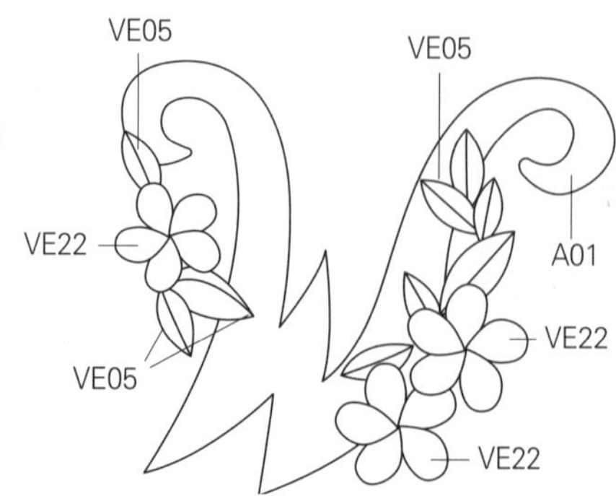

B21
VE22
VE22
VE05
VE05
D11

# 蜀葵双肩背包

作品P20

**【所需材料】**

格纹先染布 深棕色90cm；里布110cm×70cm；包边条；松紧带；支架口金；皮扣；提手；拉链；肩带金属环；包扣；牛皮绳；装饰皮标；带胶铺棉

**【刺绣线】**

羊毛绣线 C02、E11、A17、D16、VE12、VE17、E15、A09、C07、C09、C15、C20

1. 在深棕色格纹先染布上裁剪用于制作主体前片、后片、侧片、底片、前置口袋、侧身口袋、包盖的布。
2. 在主体前片、后片和两个侧片表布反面贴上带胶铺棉后用熨斗进行熨烫，再以1.5cm间隔进行压线。然后在后片底部两侧固定肩带金属环。

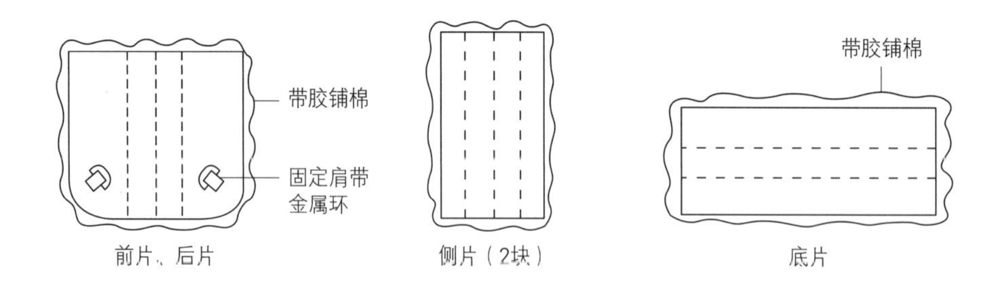


3. 主体前置口袋和侧身口袋，以带胶铺棉、口袋表布（正面）、里布（反面）的顺序重叠，仅在口袋口平针缝，剪掉铺棉多余的缝份，把里布向上折于带胶铺棉内侧。
4. 前置口袋以1.5cm间隔进行压线。侧身口袋穿入松紧带后固定一侧，弄出褶皱后再固定另一侧。

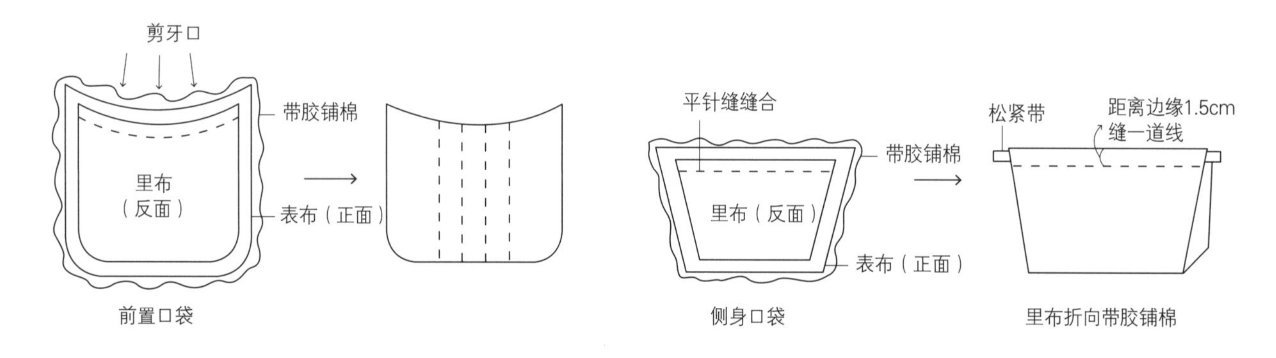


5. 在前置口袋口的中间装上皮扣。
6. 把前置口袋放在前片上用珠针固定位置。
7. 同样把侧身口袋放在侧片上用珠针固定位置，再与底片进行连接缝合（要正面相对）。

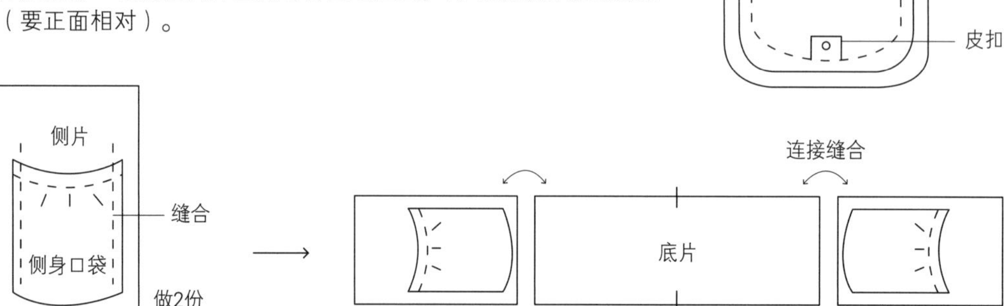

**8.** 前片和后片中心位置分别和底片的中心位置对准，正面相对缝合在一起。完成表袋。

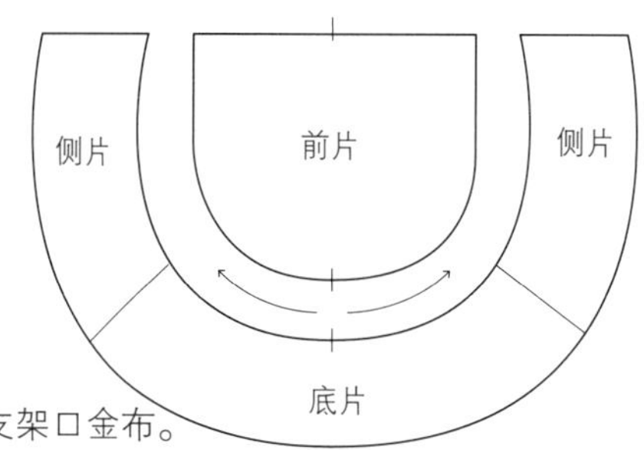


**9.** 裁剪6cm×50cm的深棕色格纹先染布（包含缝份），参照下图制作包支架口金布。

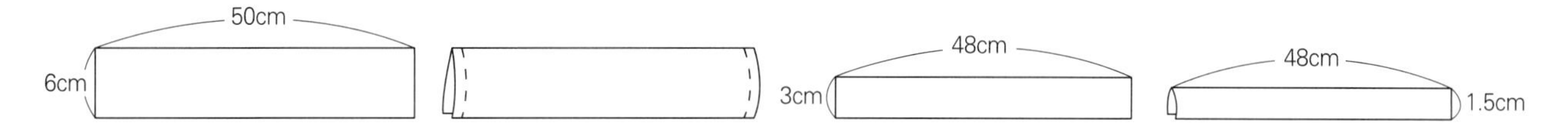


**10.** 把步骤9中制作好的包支架口金布和包口相连接缝合。

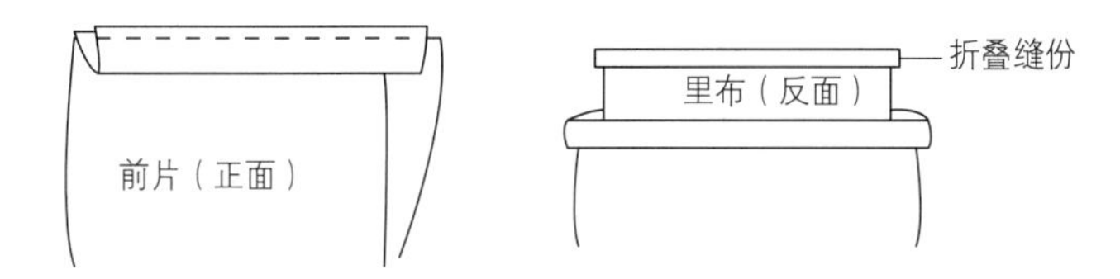


**11.** 用与制作表袋同样的方法来完成里袋。
**12.** 把里袋放入表袋，里袋的缝份贴合包支架口金布，用卷针缝缝合。
**13.** 穿入支架口金，在包口装上拉链。
**14.** 把牛皮绳和包扣装在拉链上。在包前面缝上装饰皮标。

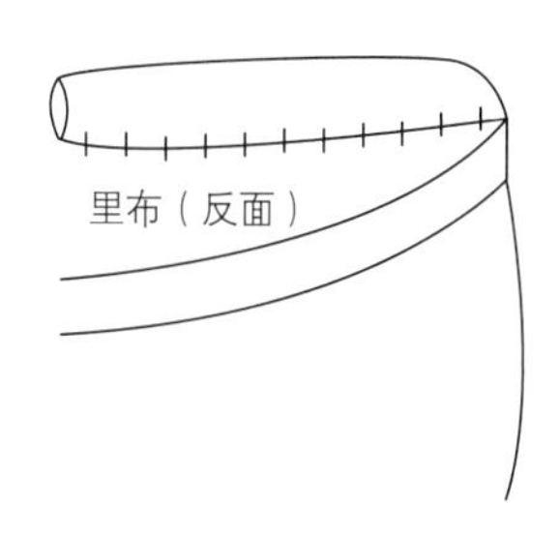


## 【制作包盖】

**15.** 参照纸型裁剪深棕色格纹先染布，在布上绘制图案，在反面贴上带胶铺棉，熨烫后进行刺绣。
**16.** 包盖表布和里布重叠后进行包边。
**17.** 在包盖下部中心装上皮扣，上部装背带。
**18.** 在包盖顶部装提手。

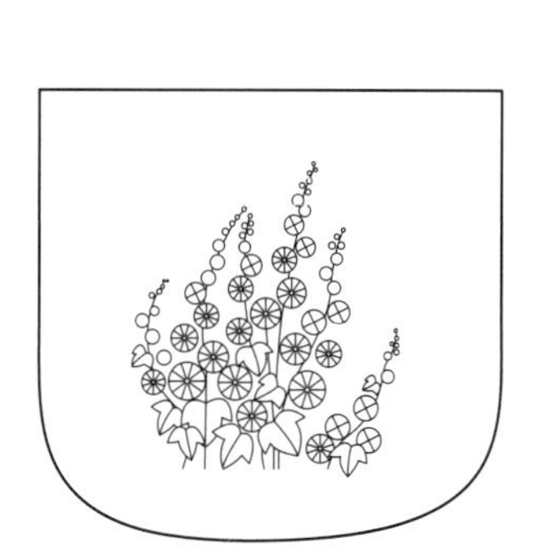

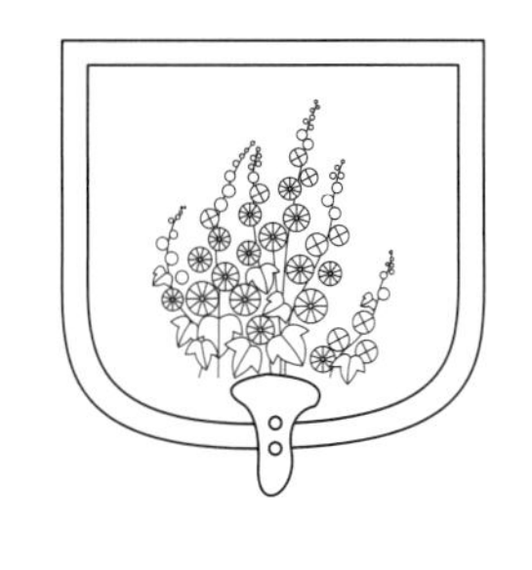

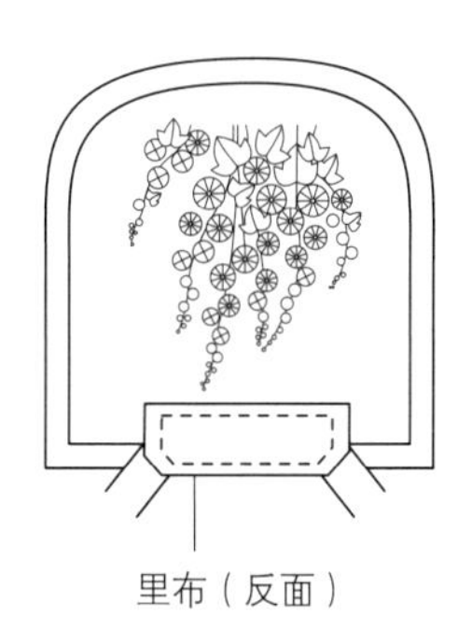


**19.** 把包盖固定在包口向下3cm的位置，缝合，完成。

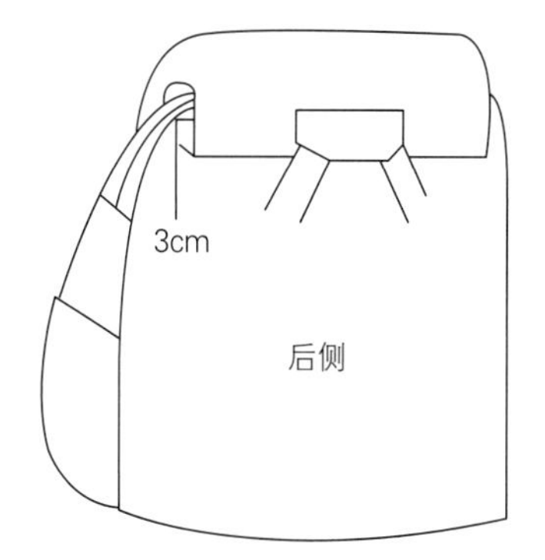

## 刺绣平面图（全部使用羊毛绣线）

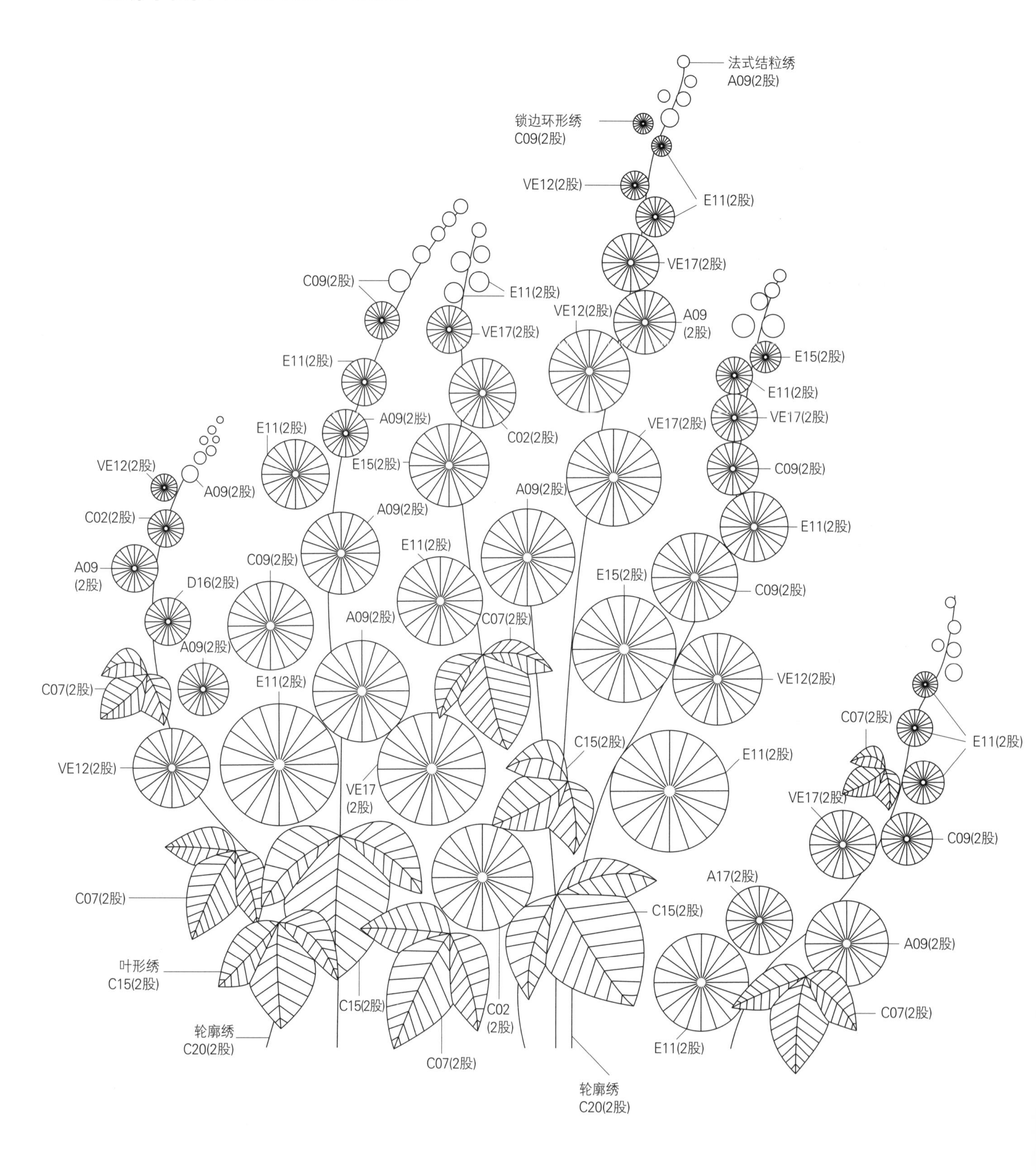

# 小野花胸针

作品P23

**【所需材料】**

先染布 浅咖色27cm×45cm；铺棉；半成品胸针

**【刺绣线】**

Anchor 25号线 321、779、895、281、936、924、1315、1207、1305、262、1346

1. 按胸针的形状裁剪浅咖色先染布，周围加2cm缝份。
2. 在布上绘制图案，贴铺棉，并进行刺绣。
3. 用制作包扣的方法用布包住半成品胸针的模具部分。
4. 装上半成品胸针的底托部分，完成。

## 刺绣平面图

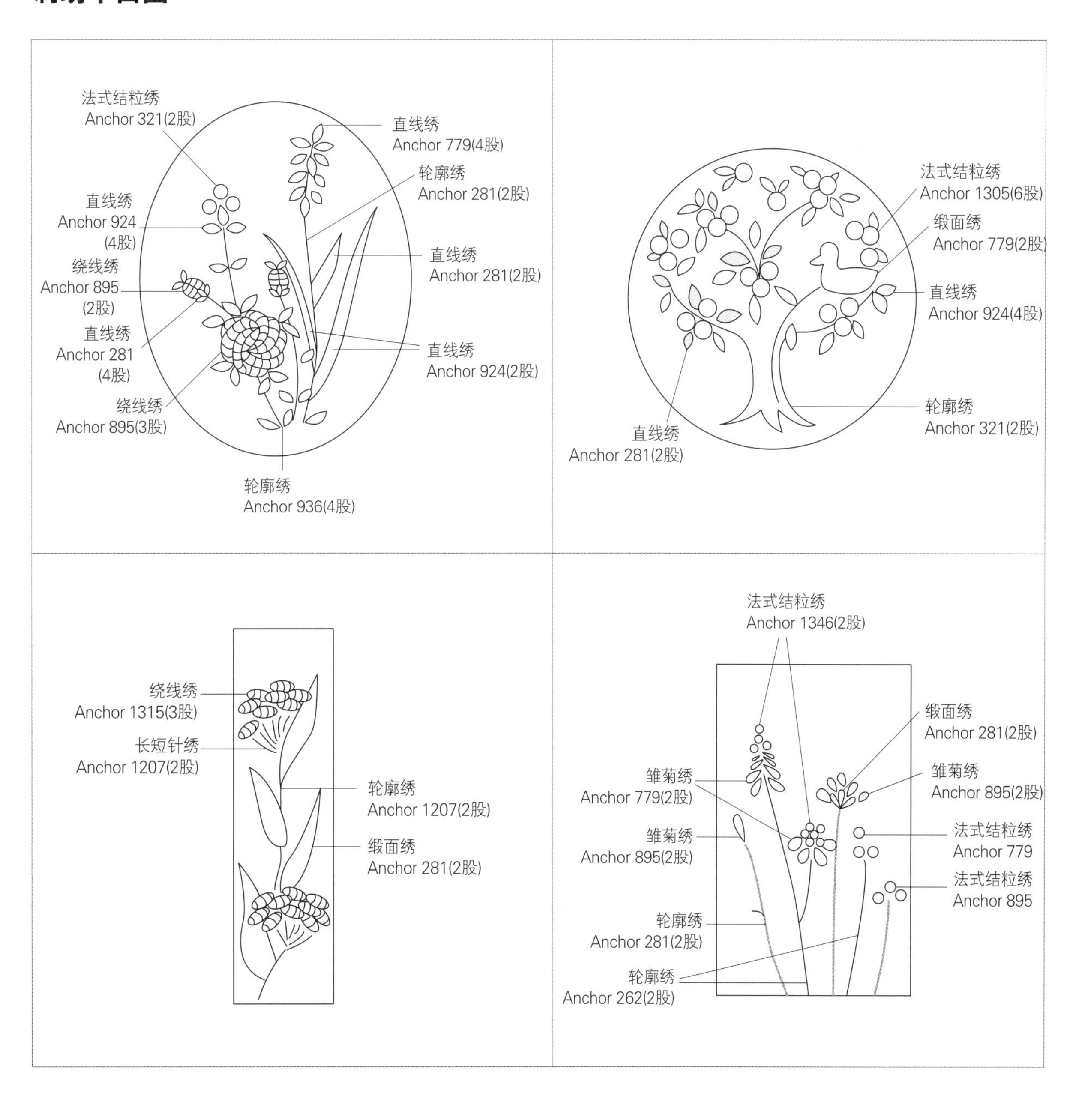

# 花束手机包

作品P22

**【所需材料】**

先染布 浅咖色20cm×30cm；拼布用布 墨绿色、深蓝色、棕色、棕黄色各15cm×15cm；里布40cm×20cm；肩带1组；磁扣1组；带胶铺棉

**【刺绣线】**

Anchor 25号线 895（粉色）、281（亮绿色）、779（蓝色）

---

**1.** 裁剪浅咖色先染布（不包含缝份），在前片和后片上绘制图案并进行刺绣。

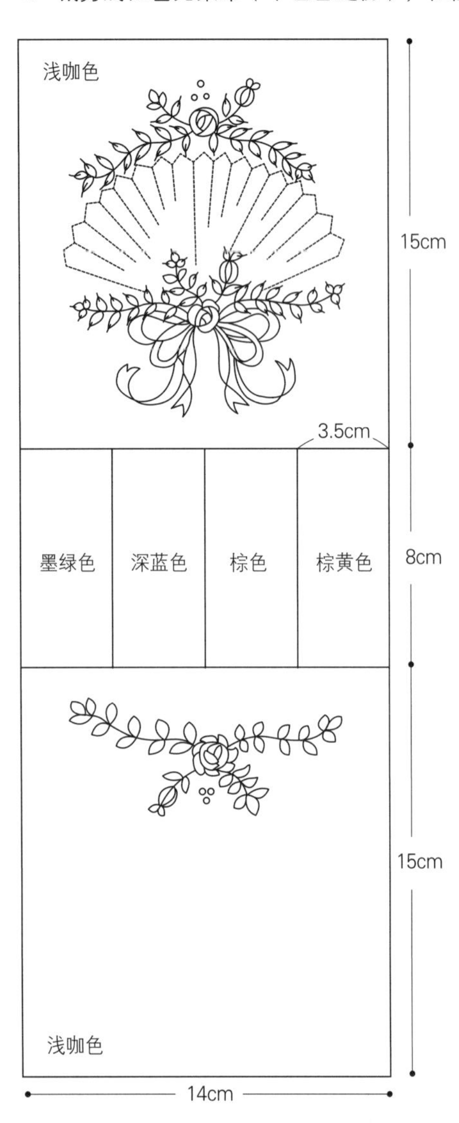


**2.** 墨绿色、深蓝色、棕色、棕黄色布各裁剪3.5cm×8cm（另外加缝份）做拼布，再与步骤1中的前片和后片相连接，缝合，完成表布。

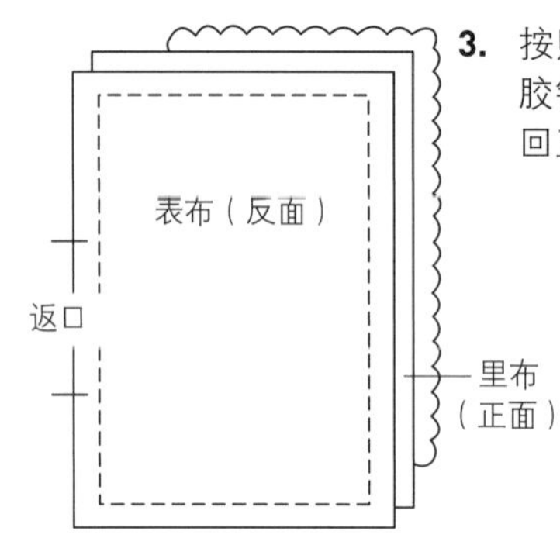


**3.** 按照表布（反面）、里布（正面）、带胶铺棉的顺序重叠，留返口后缝合，翻回正面缝合返口。

**4.** 对折并缝合两侧边，再缝1cm底角。

**5.** 在包口内侧装磁扣，两侧装肩带，完成。

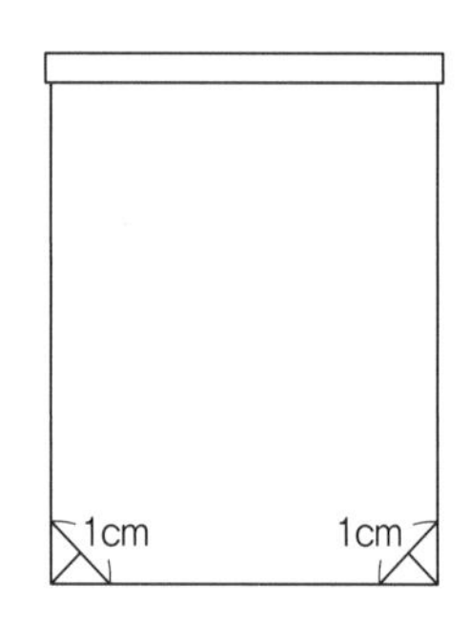


## 刺绣平面图（后片）

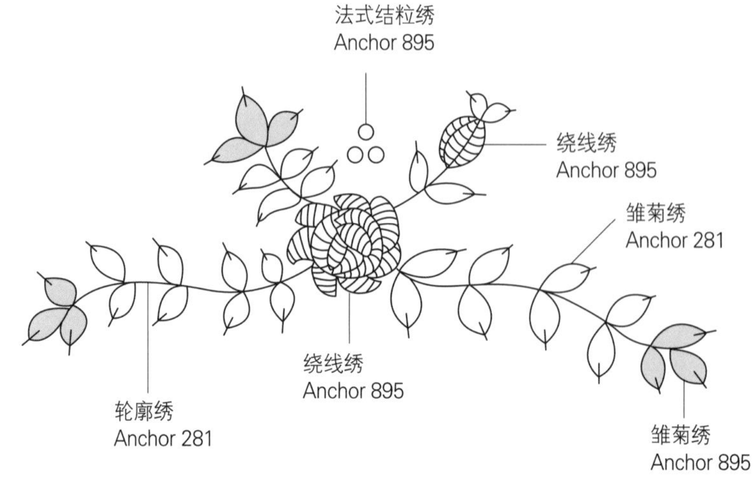

## 刺绣平面图（前片）

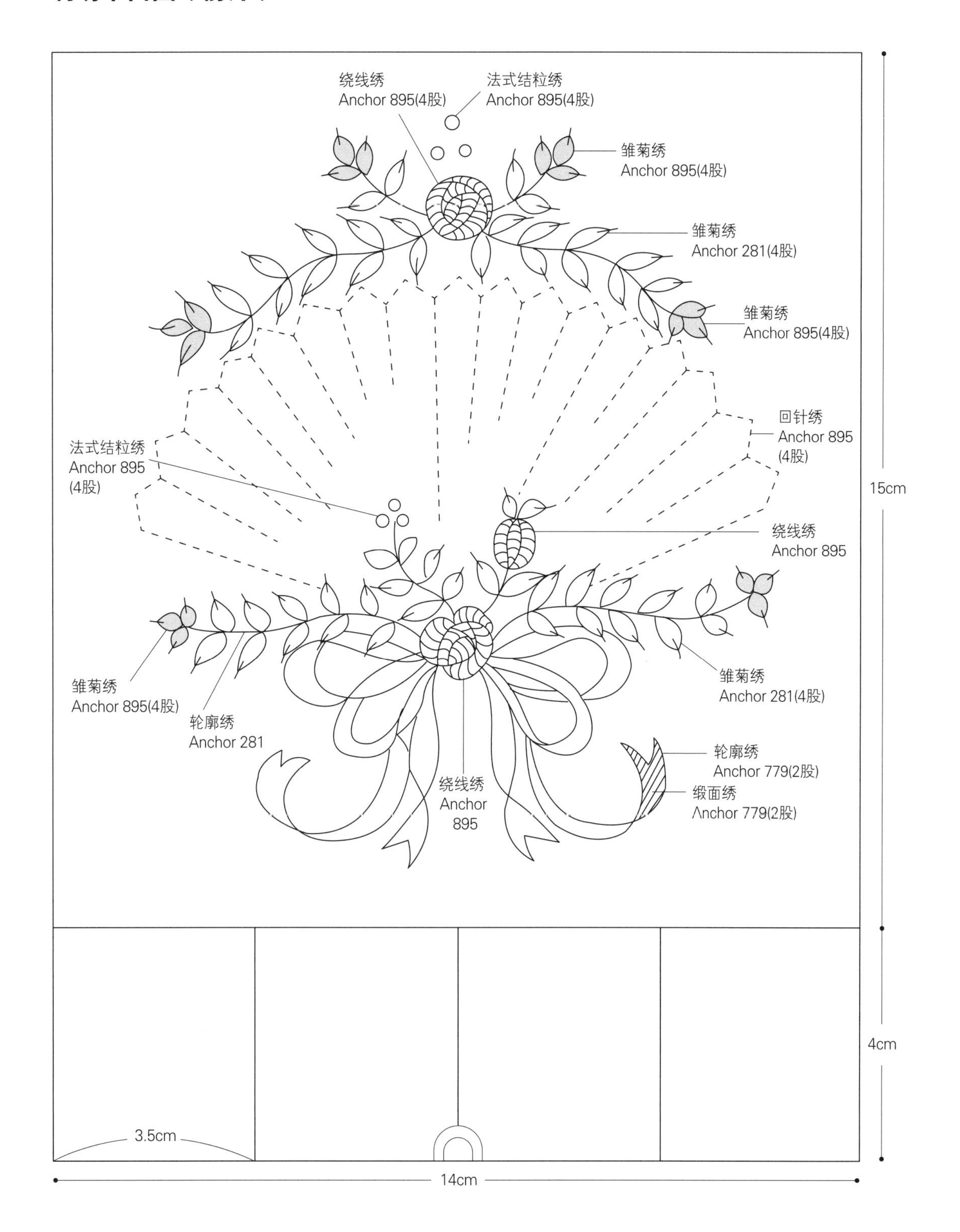

绕线绣
Anchor 895(4股)
法式结粒绣
Anchor 895(4股)
雏菊绣
Anchor 895(4股)
雏菊绣
Anchor 281(4股)
雏菊绣
Anchor 895(4股)
回针绣
Anchor 895
(4股)
法式结粒绣
Anchor 895
(4股)
绕线绣
Anchor 895
15cm
雏菊绣
Anchor 895(4股)
轮廓绣
Anchor 281
雏菊绣
Anchor 281(4股)
轮廓绣
Anchor 779(2股)
缎面绣
Anchor 779(2股)
绕线绣
Anchor
895
4cm
3.5cm
14cm

# 玫瑰刺绣长裙

作品P24

**【所需材料】**

先染布 黑色110cm×180cm；硬黏合衬；松紧带

**【刺绣线】**

羊毛绣线 C15、B02、C07；Anchor 25号线310

1. 参照纸型在黑色先染布上裁剪裙子的前片、后片、下摆片和腰部的布。

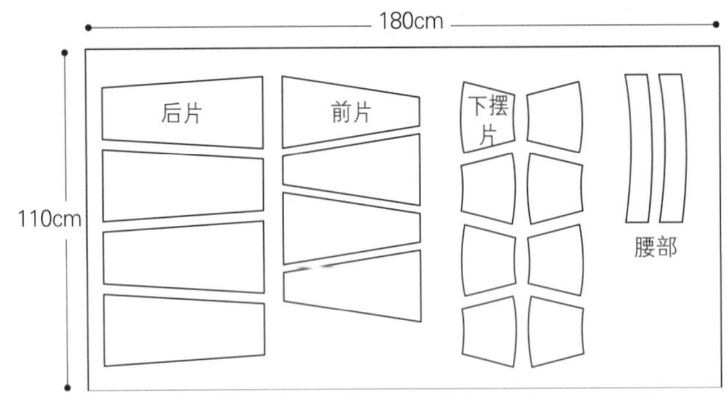


2. 把4块前片表布和4块下摆片表布分别拼接缝合。
3. 4块都完成后再缝合在一起做成裙子前身。用同样的方法制作裙子后身。

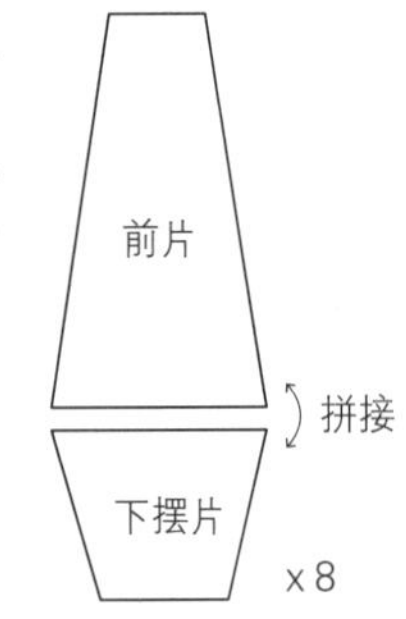


4. 在裙子前身绘制图案并进行刺绣。

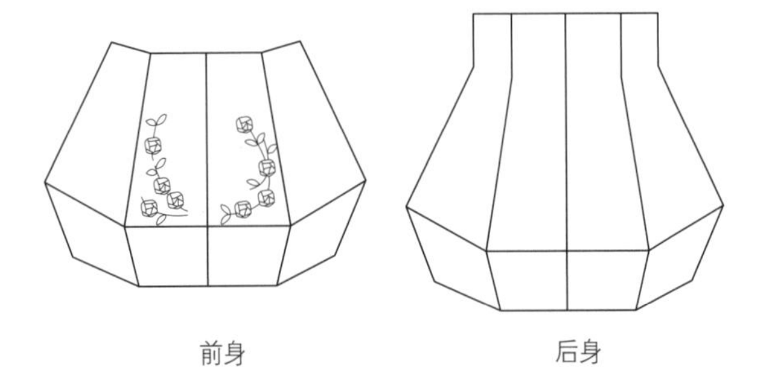


5. 在腰部反面放上硬黏合衬，熨烫贴合。
6. 裙子前身与腰部缝合。

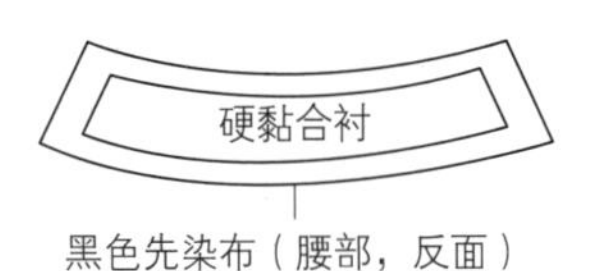

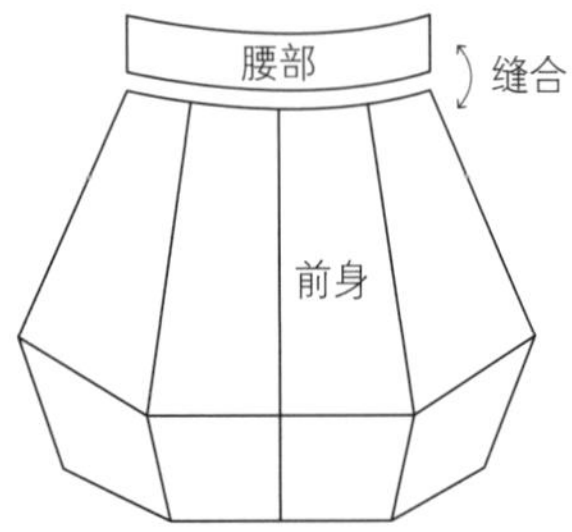


7. 裙子后身上侧的布向反面折，留出穿松紧带的位置，平针缝缝一道线。

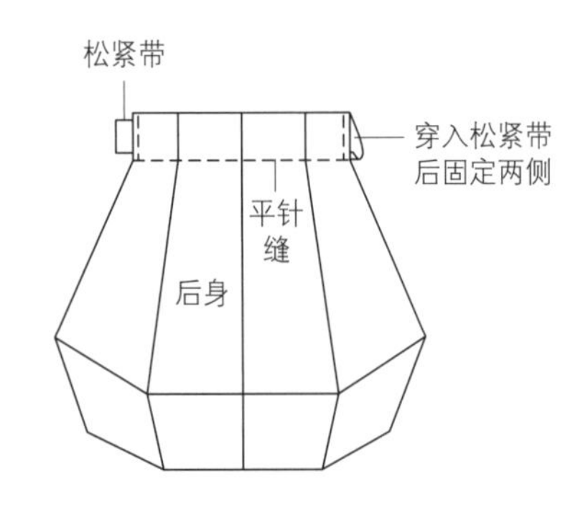


8. 裙子前身和后身连接缝合。

9. 剩余的一条腰部与前身腰部连接缝合。整理固定松紧带两侧。

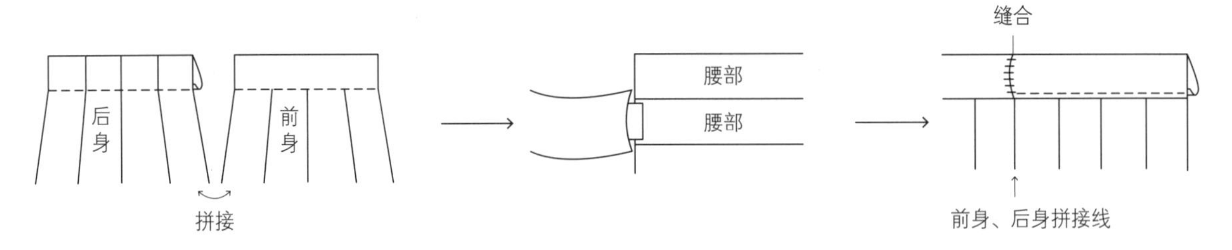


10. 裙子下摆的边内折，在边缘用平针缝缝一圈，完成。

## 刺绣平面图

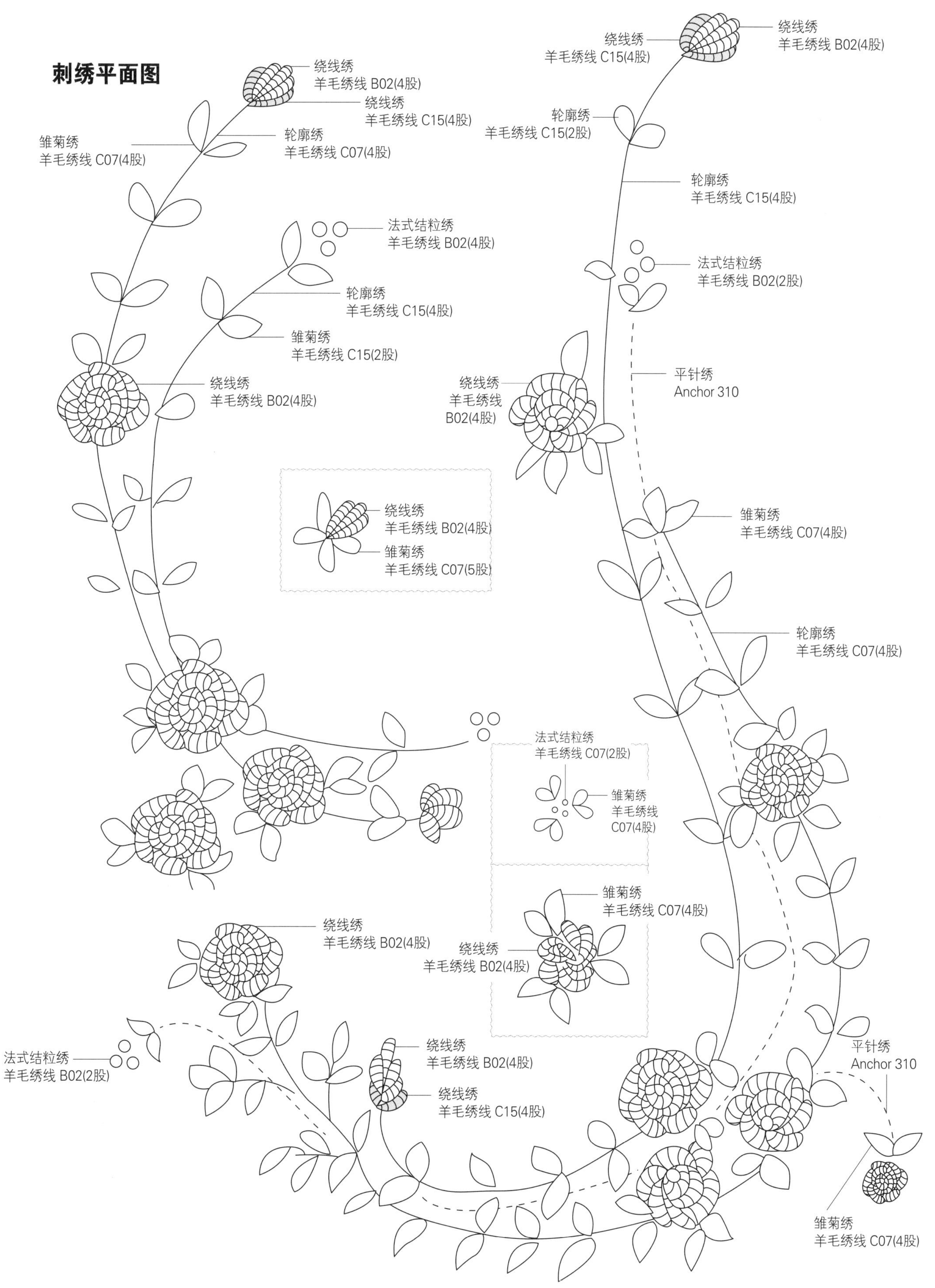

绕线绣
羊毛绣线 C15(4股)
绕线绣
羊毛绣线 B02(4股)
绕线绣
羊毛绣线 B02(4股)
绕线绣
羊毛绣线 C15(4股)
轮廓绣
羊毛绣线 C15(2股)
雏菊绣
羊毛绣线 C07(4股)
轮廓绣
羊毛绣线 C07(4股)
轮廓绣
羊毛绣线 C15(4股)
法式结粒绣
羊毛绣线 B02(4股)
法式结粒绣
羊毛绣线 B02(2股)
轮廓绣
羊毛绣线 C15(4股)
雏菊绣
羊毛绣线 C15(2股)
平针绣
Anchor 310
绕线绣
羊毛绣线 B02(4股)
绕线绣
羊毛绣线
B02(4股)
绕线绣
羊毛绣线 B02(4股)
雏菊绣
羊毛绣线 C07(5股)
雏菊绣
羊毛绣线 C07(4股)
轮廓绣
羊毛绣线 C07(4股)
法式结粒绣
羊毛绣线 C07(2股)
雏菊绣
羊毛绣线
C07(4股)
雏菊绣
羊毛绣线 C07(4股)
绕线绣
羊毛绣线 B02(4股)
绕线绣
羊毛绣线 B02(4股)
法式结粒绣
羊毛绣线 B02(2股)
绕线绣
羊毛绣线 B02(4股)
绕线绣
羊毛绣线 C15(4股)
平针绣
Anchor 310
雏菊绣
羊毛绣线 C07(4股)

# 一枝玫瑰手提包

作品P27

**【所需材料】**

先染布 浅褐色45cm×70cm，格纹先染布浅卡其色（贴布口袋用）30cm×15cm；里布60cm×37cm；带胶铺棉；天然牛皮提手（BY24–3702）

**【刺绣线】**

羊毛绣线 VE18、C13、B11

1. 按照纸型，裁剪前片表布、后片表布和里布。

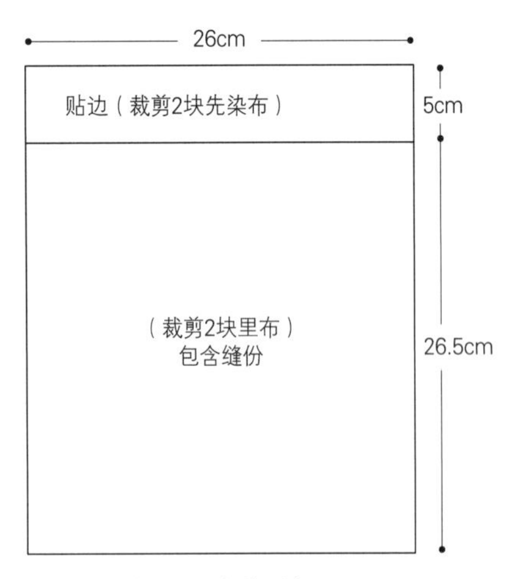


*浅褐色先染布裁剪2块31.5cm×26cm，分别作为前片和后片。

2. 在前片表布的反面贴上带胶铺棉，在布的正面绘制图案并进行刺绣。
3. 裁剪2块浅卡其色格纹先染布用来做贴布口袋，正面相对，留返口缝合一圈，从返口翻回正面，熨平。最后把口袋缝合在前片上。

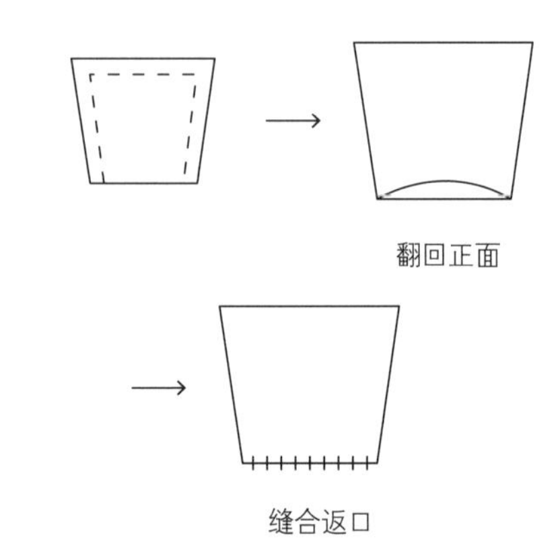


4. 前片表布、后片表布的反面贴上带胶铺棉，正面相对，缝合两侧和底部。剪掉铺棉多余的缝份，翻到正面，做成表袋。
5. 里布和贴边先拼接缝合，做2份，再正面相对缝合两侧和底部（留返口），做成里袋。
6. 把表袋放在里袋内，包口缝合一圈，从里袋的返口处翻回正面。包口距边缘1cm压缝一道线。
7. 缝上天然牛皮提手，完成。

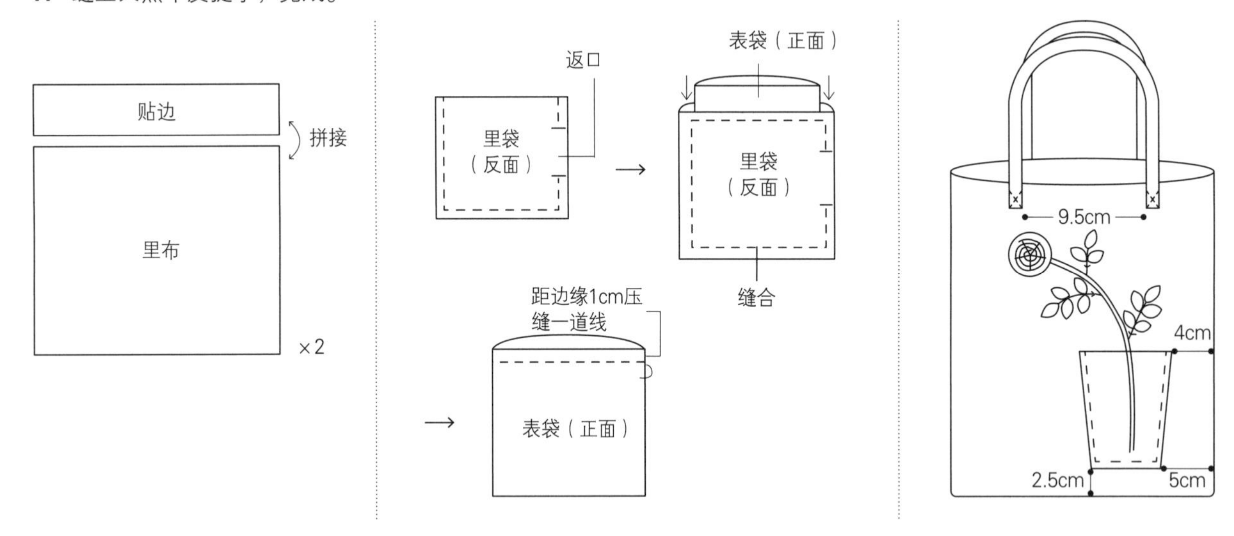

## 刺绣平面图

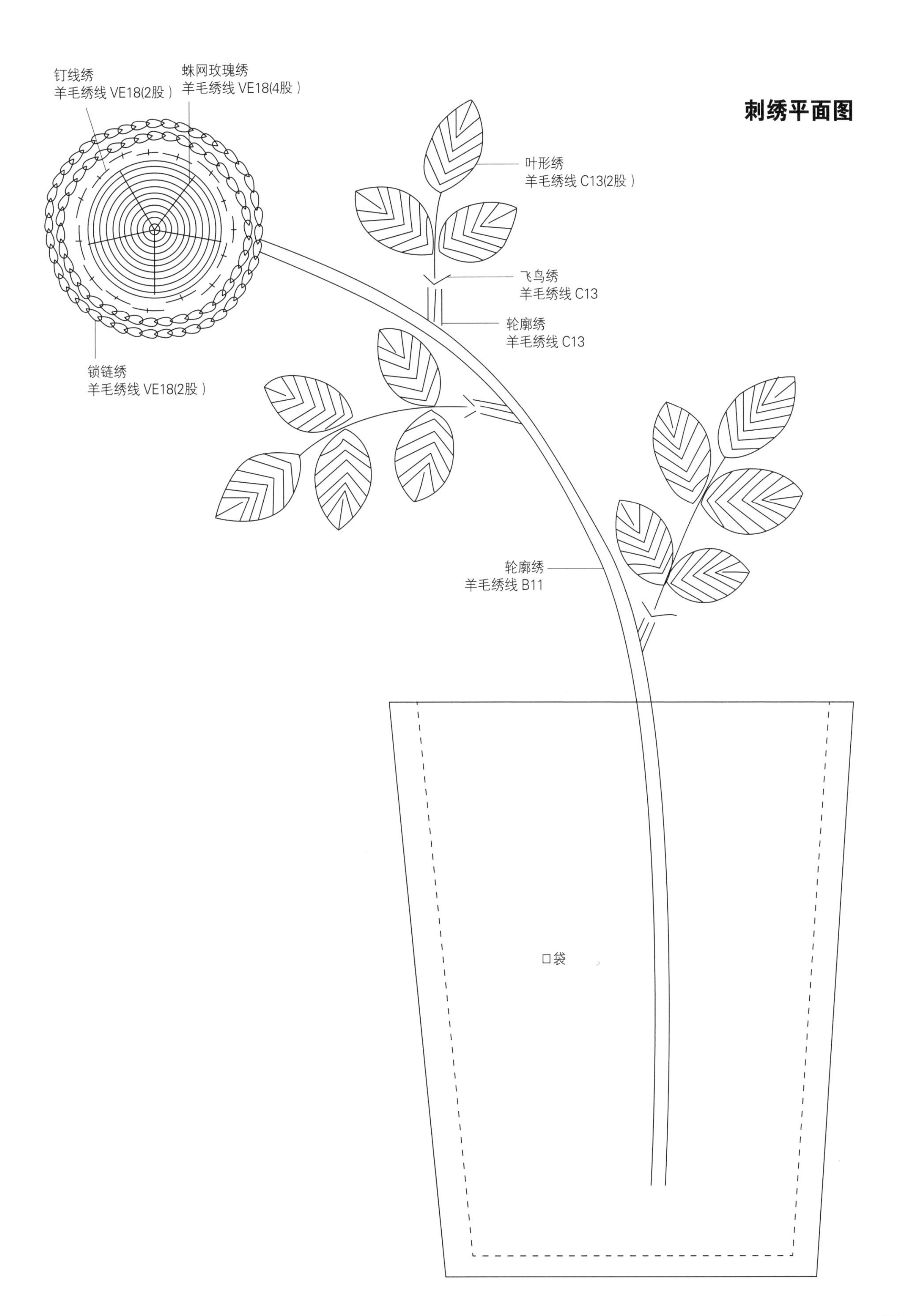
钉线绣
羊毛绣线 VE18(2股）
蛛网玫瑰绣
羊毛绣线 VE18(4股）
叶形绣
羊毛绣线 C13(2股）
飞鸟绣
羊毛绣线 C13
轮廓绣
羊毛绣线 C13
锁链绣
羊毛绣线 VE18(2股）
轮廓绣
羊毛绣线 B11
口袋

# 一枝玫瑰长款钱包

作品P26

**【所需材料】**

先染布 黑色30cm×30cm；黑色包边条（斜裁）100cm；里布；带胶铺棉；D形环；皮提手；钱包内芯

**【刺绣线】**

羊毛绣线 A09、C04、C09、C21、E15、E19

1. 裁剪黑色先染布，参照刺绣平面图在布的正面绘制图案，并进行刺绣。（玫瑰花：缎面绣；叶子：叶形绣；茎：轮廓绣。）

2. 裁剪带胶铺棉，熨烫贴合在表布反面。完成后与里布重叠，用包边条在主体四边进行包边。
3. 包边完成后缝合在钱包内芯上，再装上D形环和皮提手，完成。

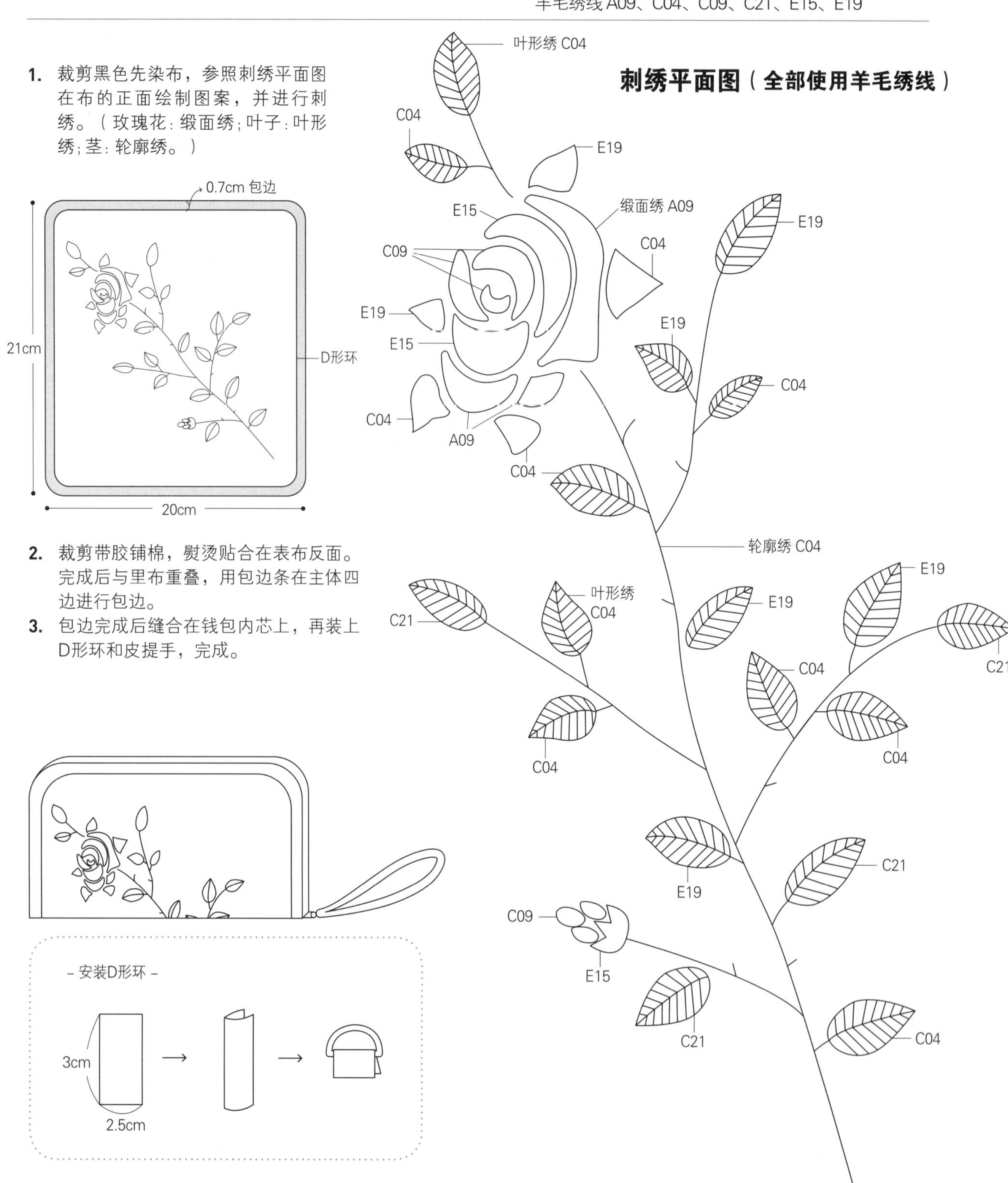

# 蒲公英抱枕（圆形）

作品P30

**【所需材料】**

水洗棉麻布 白色竹节纹90cm×45cm；荷叶边用布10cm×240cm；拉链 45cm

**【刺绣线】**

参考图示说明。

1. 裁剪2块45cm×45cm的布料(包含1cm缝份)，分别作为前、后片表布。
2. 在前片表布上绘制图案，并进行刺绣。

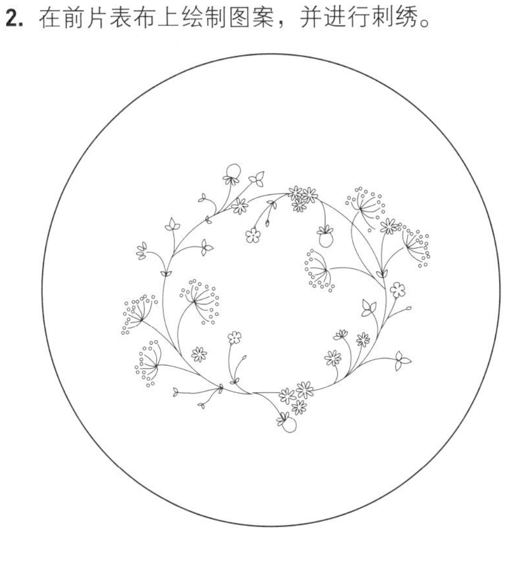

3. 裁剪10cm×240cm的布料，一边向内折2层并缝合，另一边熨烫出褶皱并缝合固定做荷叶边。

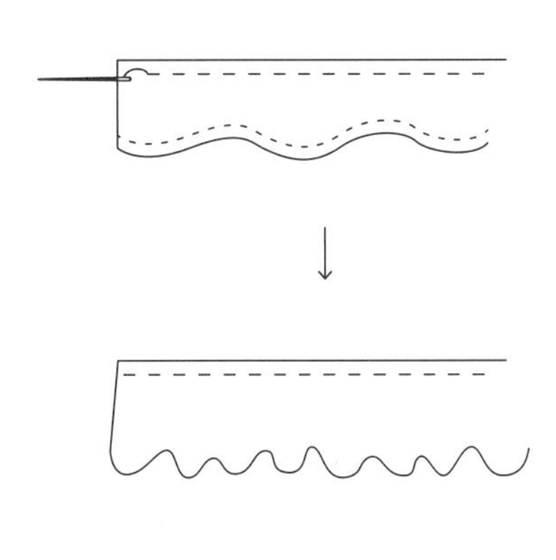

4. 前、后片表布正面相对，缝合半个圆弧形，把制作好的荷叶边如图放在上面缝合。在ⓐ~ⓑ处装上拉链，翻回正面，完成。

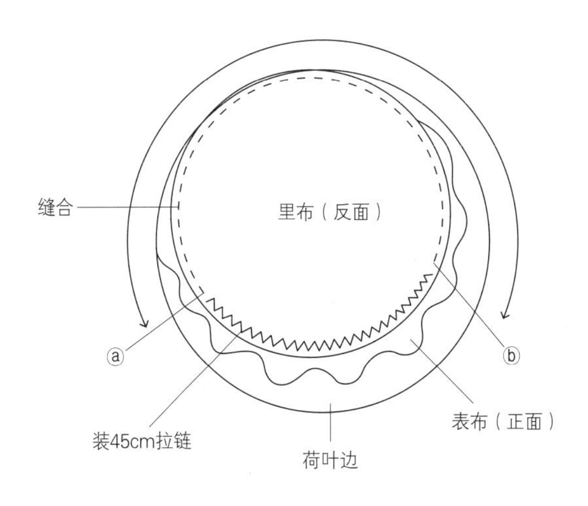


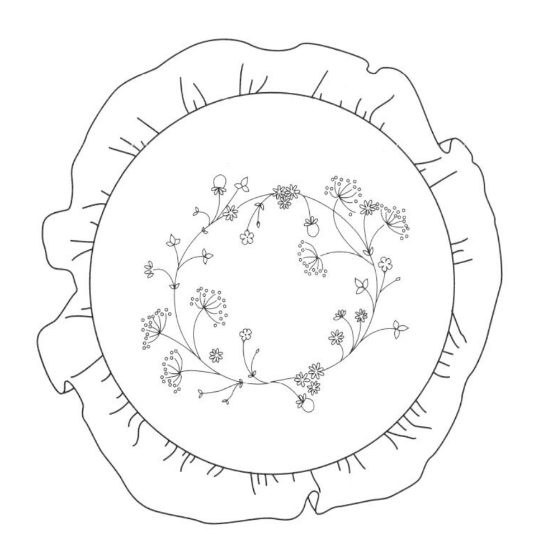

## 刺绣平面图

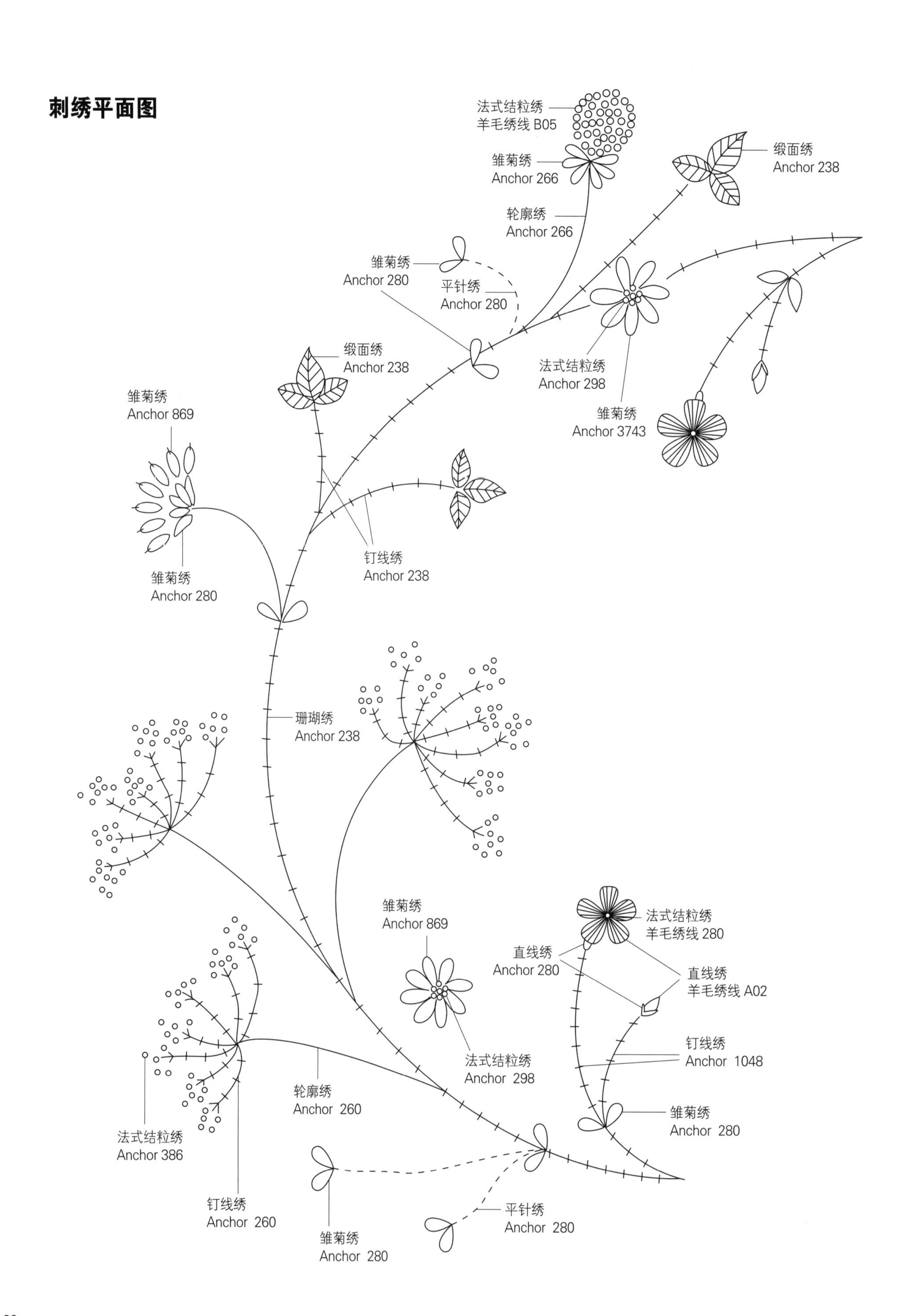
法式结粒绣
羊毛绣线 B05
雏菊绣
Anchor 266
缎面绣
Anchor 238
轮廓绣
Anchor 266
雏菊绣
Anchor 280
平针绣
Anchor 280
缎面绣
Anchor 238
法式结粒绣
Anchor 298
雏菊绣
Anchor 3743
雏菊绣
Anchor 869
雏菊绣
Anchor 280
钉线绣
Anchor 238
珊瑚绣
Anchor 238
雏菊绣
Anchor 869
法式结粒绣
羊毛绣线 280
直线绣
Anchor 280
直线绣
羊毛绣线 A02
钉线绣
Anchor 1048
法式结粒绣
Anchor 298
雏菊绣
Anchor 280
轮廓绣
Anchor 260
法式结粒绣
Anchor 386
钉线绣
Anchor 260
平针绣
Anchor 280
雏菊绣
Anchor 280

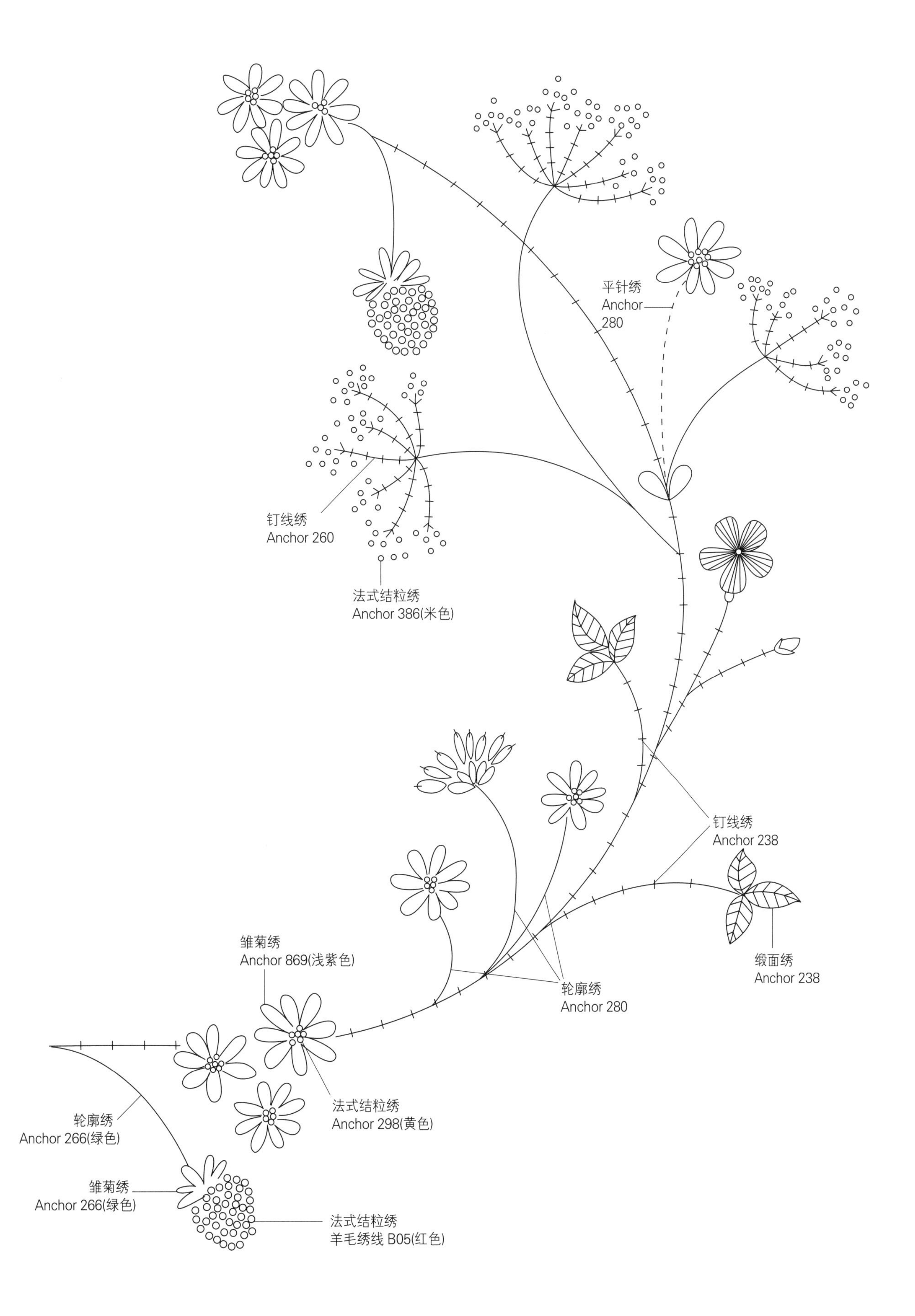
平针绣
Anchor
280
钉线绣
Anchor 260
法式结粒绣
Anchor 386(米色)
钉线绣
Anchor 238
缎面绣
Anchor 238
雏菊绣
Anchor 869(浅紫色)
轮廓绣
Anchor 280
轮廓绣
Anchor 266(绿色)
法式结粒绣
Anchor 298(黄色)
雏菊绣
Anchor 266(绿色)
法式结粒绣
羊毛绣线 B05(红色)

# 蒲公英抱枕（方形）

作品P30

**【所需材料】**

水洗棉麻布 白色竹节纹90cm×45cm；荷叶边布10cm×270cm；拉链35cm

**【刺绣线】**

参考图示说明。

1. 裁剪2块40cm×40cm的水洗棉麻布（包含1cm缝份），分别作为前、后片表布。
2. 在前片表布上绘制图案，并进行刺绣。

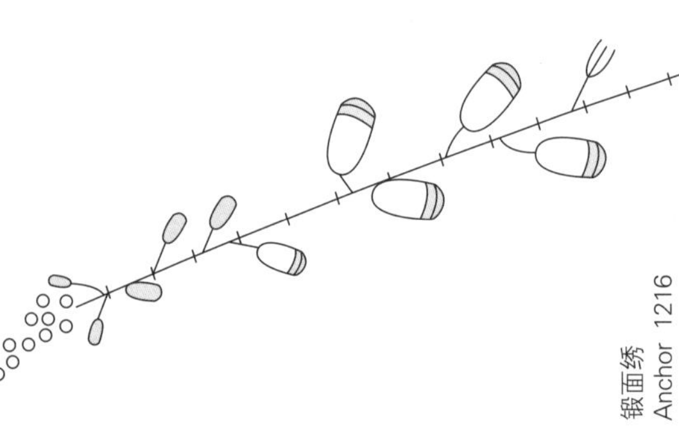


3. 裁剪10cm×270cm的布料，沿其中一条长边向内折两次，缝合边缘。另一条长边熨烫出褶皱并缝合固定，做成荷叶边备用。

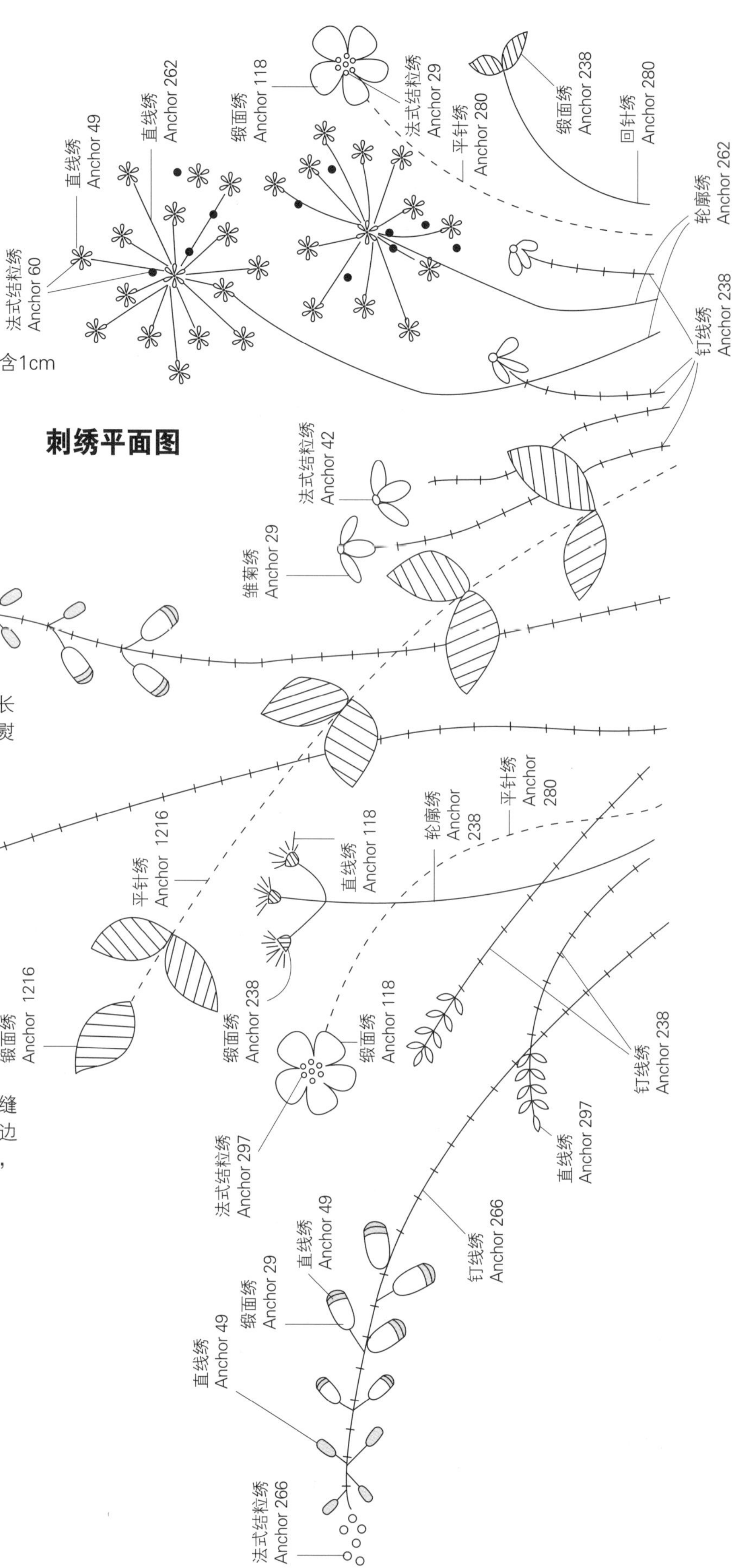


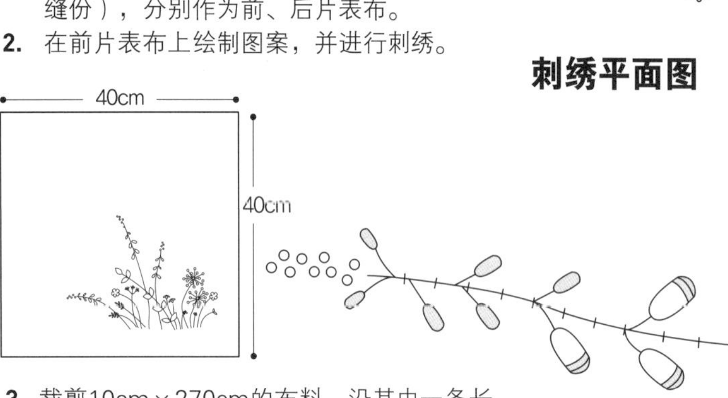

4. 前片和后片正面相对重叠，固定位置并缝合一圈（ⓐ~ⓑ不缝）。把制作好的荷叶边如图摆放并缝合。最后在ⓐ~ⓑ装上拉链，翻回正面，完成。

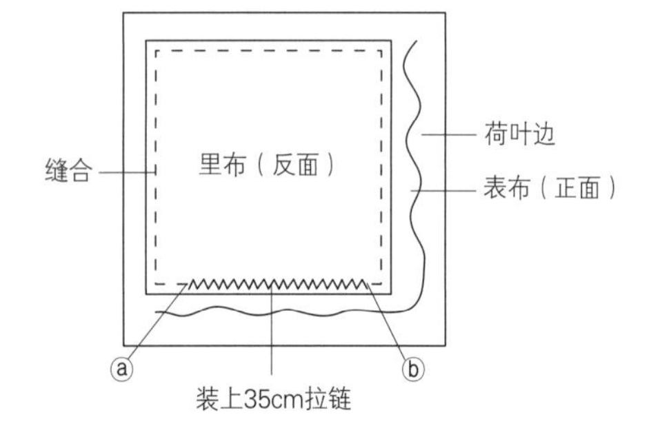

# 刺绣桌布

作品P36

【所需材料】
水洗棉麻布 白色85cm×85cm；装饰花边3cm×75cm
【刺绣线】
参考图示说明。

1. 裁剪85cm×85cm的布料，在中心位置绘制图案，并进行刺绣。
2. 在布料的四角也绘制图案，并进行刺绣。
3. 在布料的四边以0.5cm的宽度向内折两次，并缝合。
4. 装饰花边沿着桌布的四边固定，缝合。

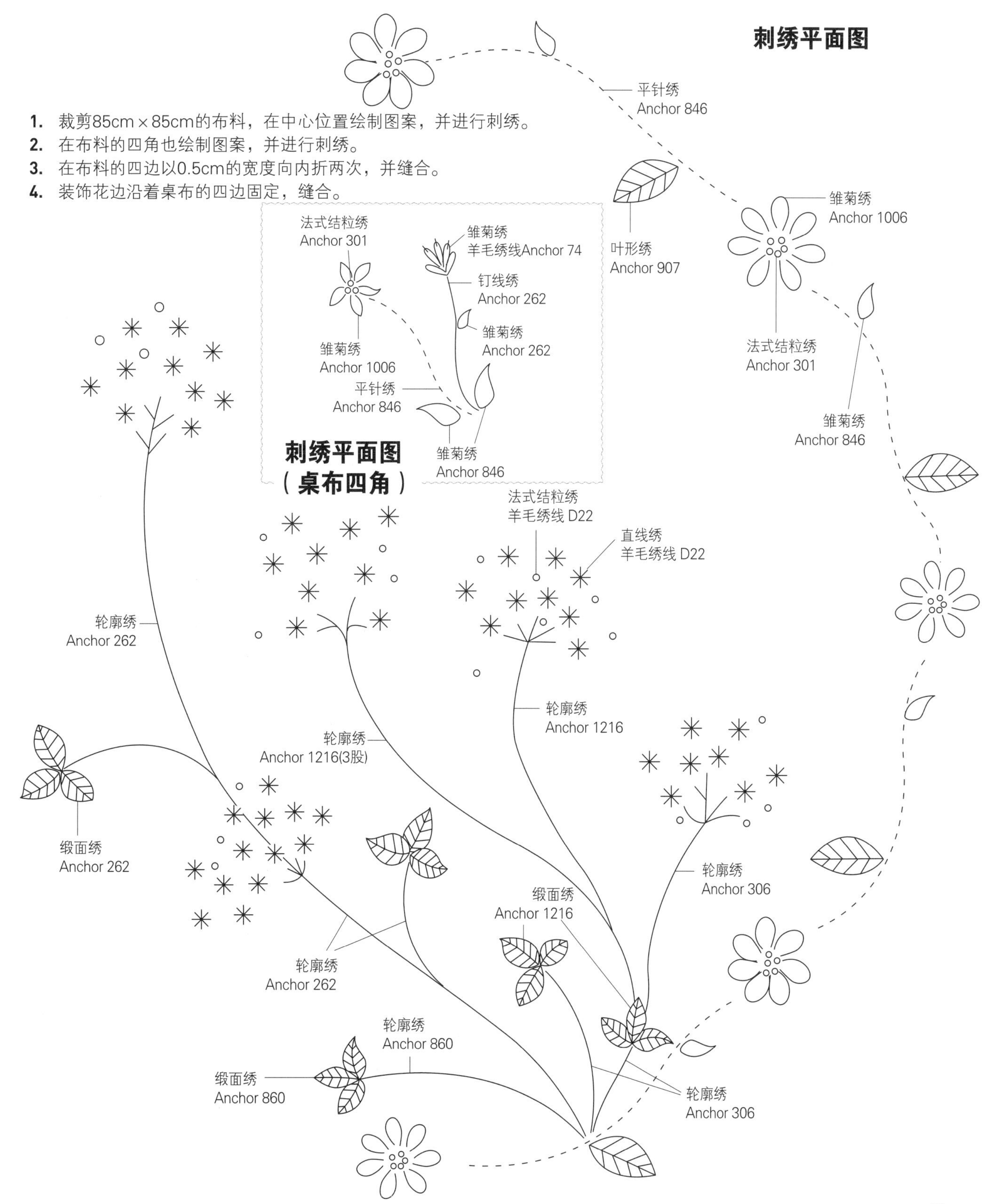

# 蓝莓花多用途盖巾

作品P29

**【所需材料】**

水洗棉麻布 白色50cm×50cm；装饰花边250cm

**【刺绣线】**

参考图示说明。

1. 裁剪50cm×50cm的布料，在上面绘制图案，并进行刺绣。
2. 沿着盖巾的四边固定蕾丝装饰花边，缝合。

## 刺绣平面图

★请把平面图拼合使用。

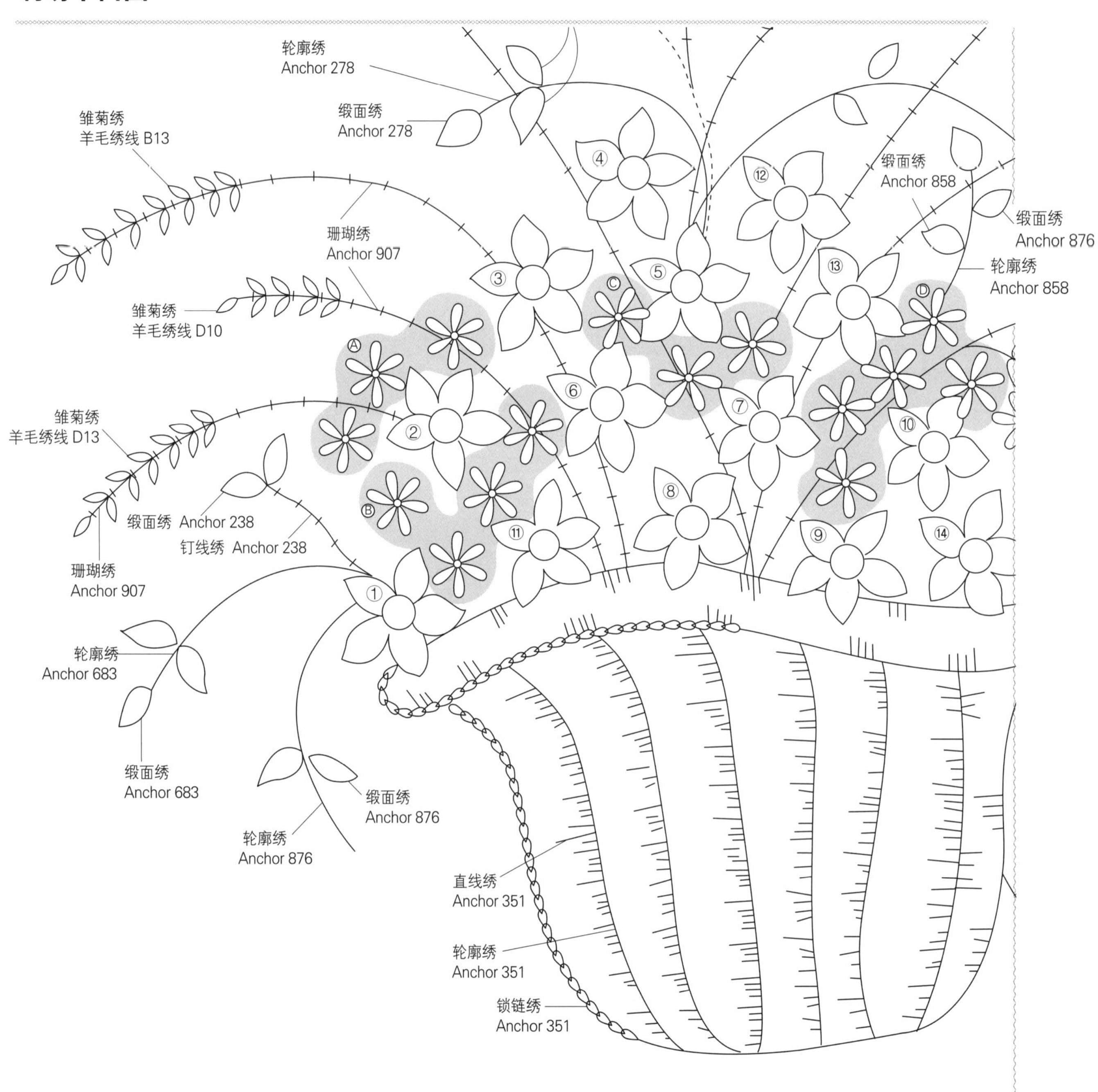

**花叶：雏菊绣 / 花蕊：法式结粒绣**

Ⓐ花叶：羊毛绣线 A09(朱黄色)；花蕊：Anchor 88(紫色)
Ⓑ花叶：羊毛绣线 B13(亮黄色)；花蕊：Anchor 266(翠绿色)
Ⓒ花叶：羊毛绣线 D10(桃粉色)；花蕊：Anchor 278(翠绿色)
Ⓓ花叶：羊毛绣线 D13(天蓝色)；花蕊：Anchor 164(蓝色)

**花叶：双雏菊绣 / 花蕊：缎面绣**

①~⑩花叶：羊毛绣线 A07(红色)；花蕊：Anchor 298(黄色)
⑪~⑬花叶：羊毛绣线 D10(粉色)；花蕊：Anchor 278(翠绿色)
⑭花叶：羊毛绣线 A09(朱黄色)；花蕊：Anchor 88(紫色)

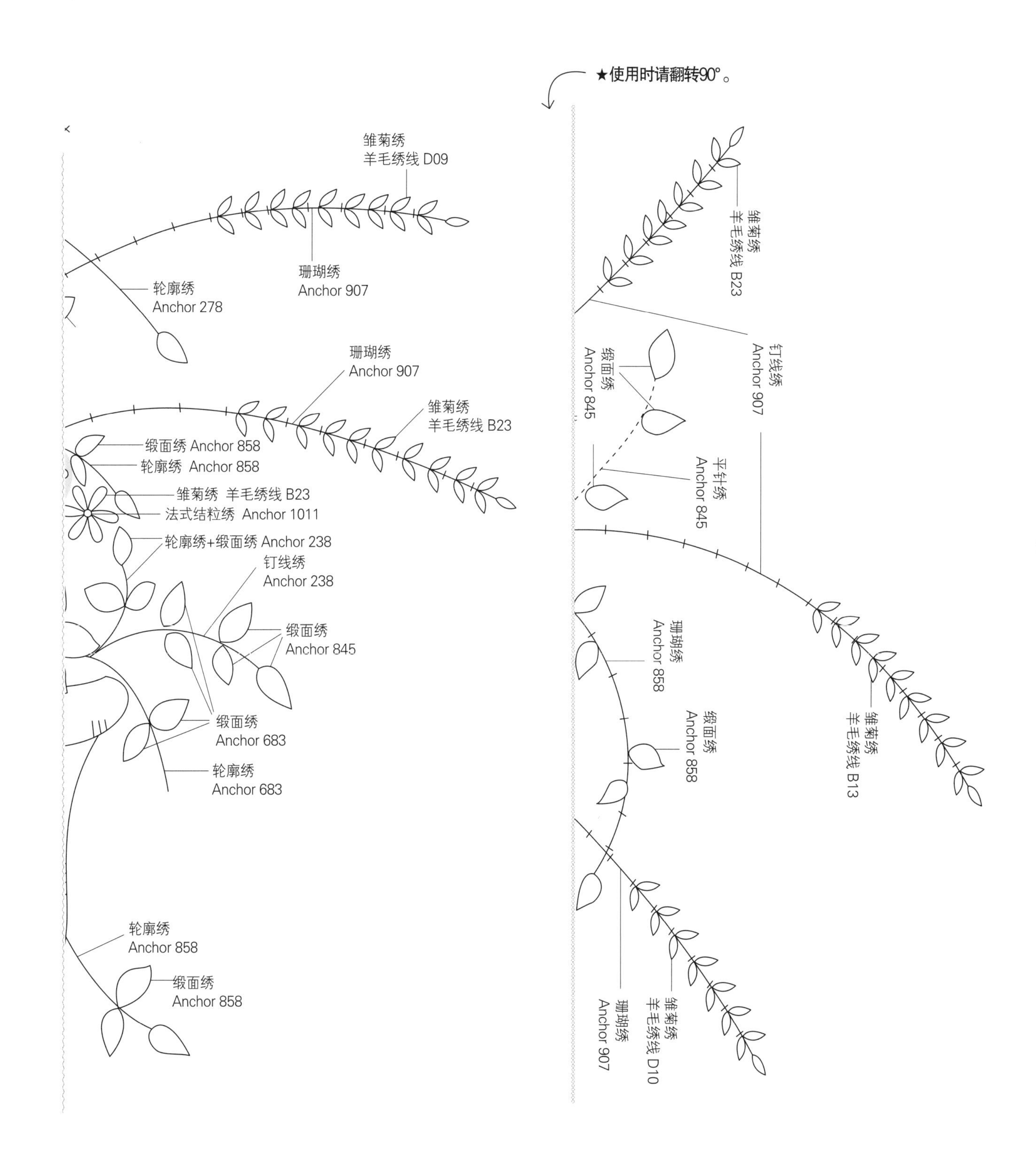

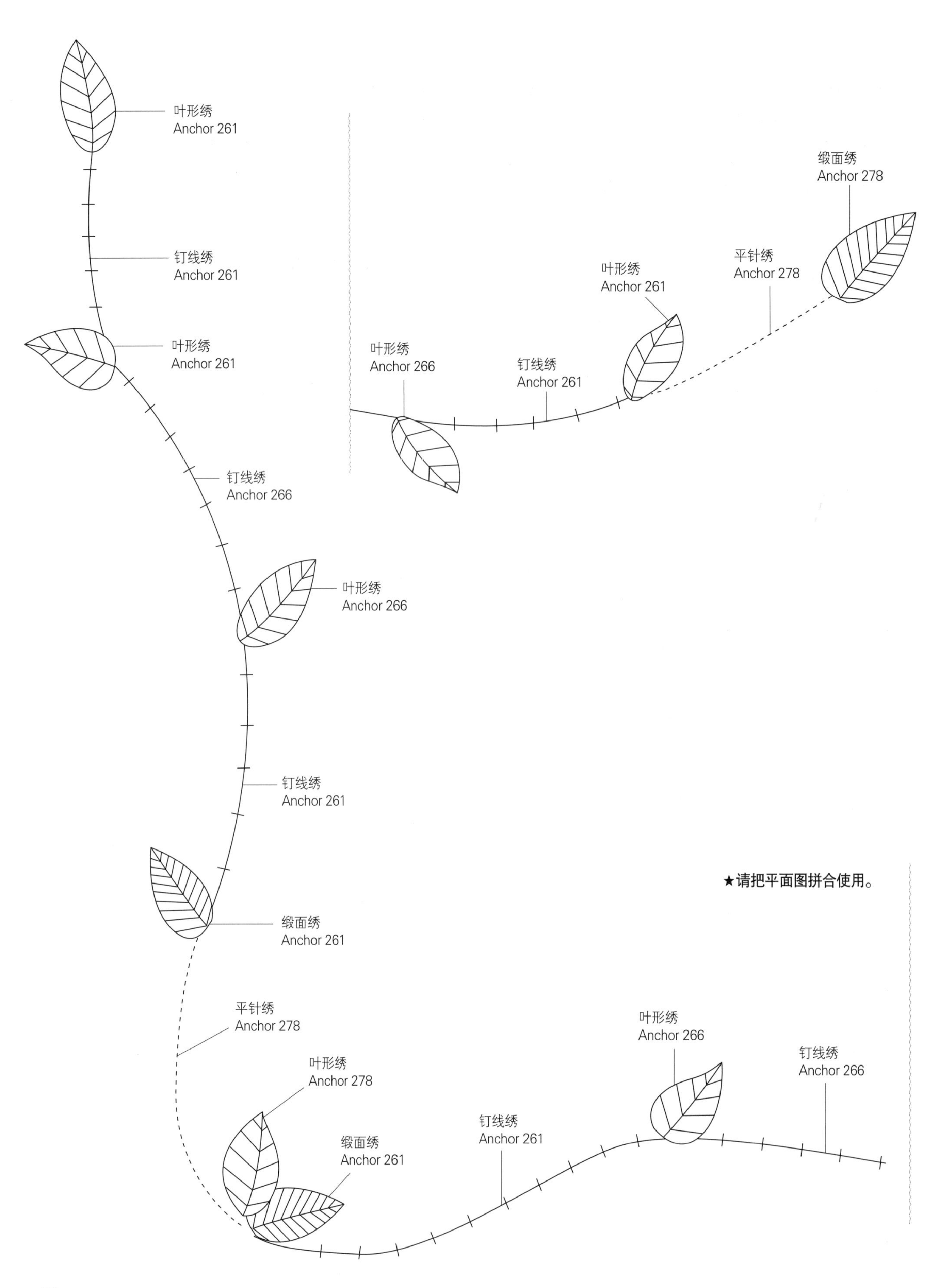
叶形绣
Anchor 261
钉线绣
Anchor 261
叶形绣
Anchor 261
钉线绣
Anchor 266
叶形绣
Anchor 266
钉线绣
Anchor 261
缎面绣
Anchor 261
平针绣
Anchor 278
叶形绣
Anchor 278
缎面绣
Anchor 261
钉线绣
Anchor 261
叶形绣
Anchor 266
钉线绣
Anchor 266
缎面绣
Anchor 278
平针绣
Anchor 278
叶形绣
Anchor 261
叶形绣
Anchor 266
钉线绣
Anchor 261

★请把平面图拼合使用。

# 窗帘

作品P33

**【所需材料】**

水洗棉麻布 白色110cm×20cm（穿窗帘杆的布）；60cm×65cm 2块（窗帘布）；装饰花边110cm

**【刺绣线】**

参考图示说明。

1. 裁剪2块60cm×65cm的水洗棉麻布。
2. 把缝份向内折2次并锁边，进行卷针缝。

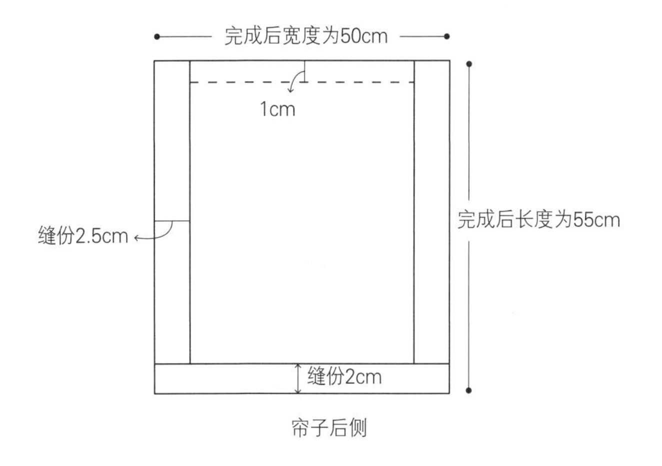


3. 在表布下方缝装饰花边。

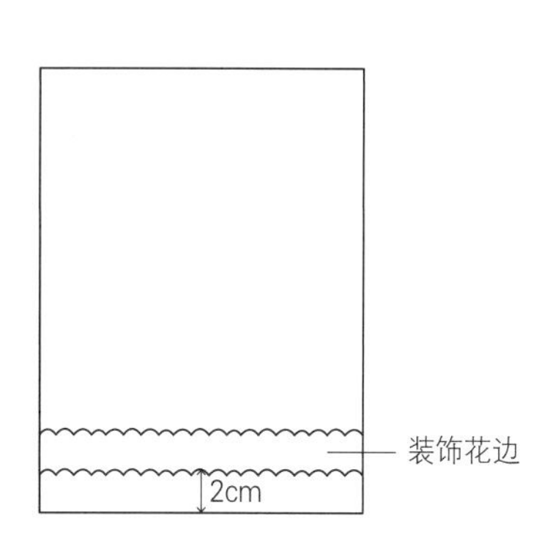


4. 在水洗棉麻布上绘制图案并进行刺绣。

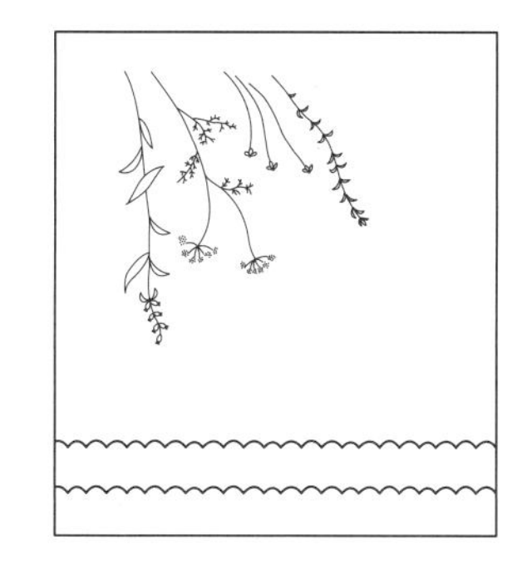

5. 在2块水洗棉麻布上放上穿窗帘杆的布，对齐，对折重叠，留1cm的缝份缝合。
6. 将穿窗帘杆的布两侧进行卷针缝，完成。

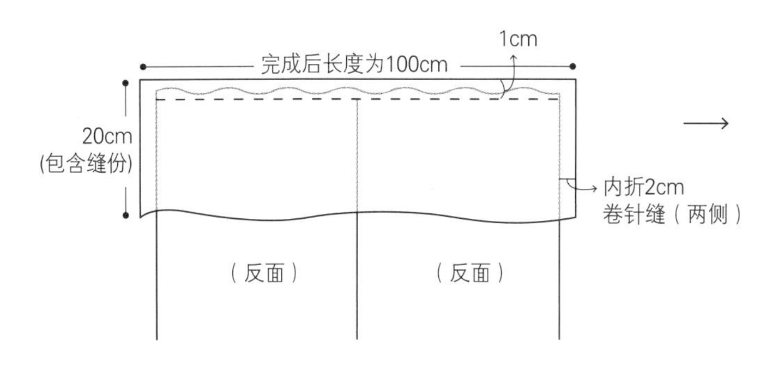


→

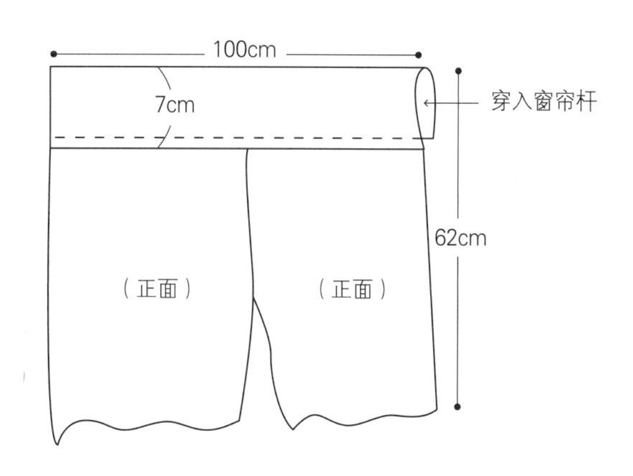

## 刺绣平面图

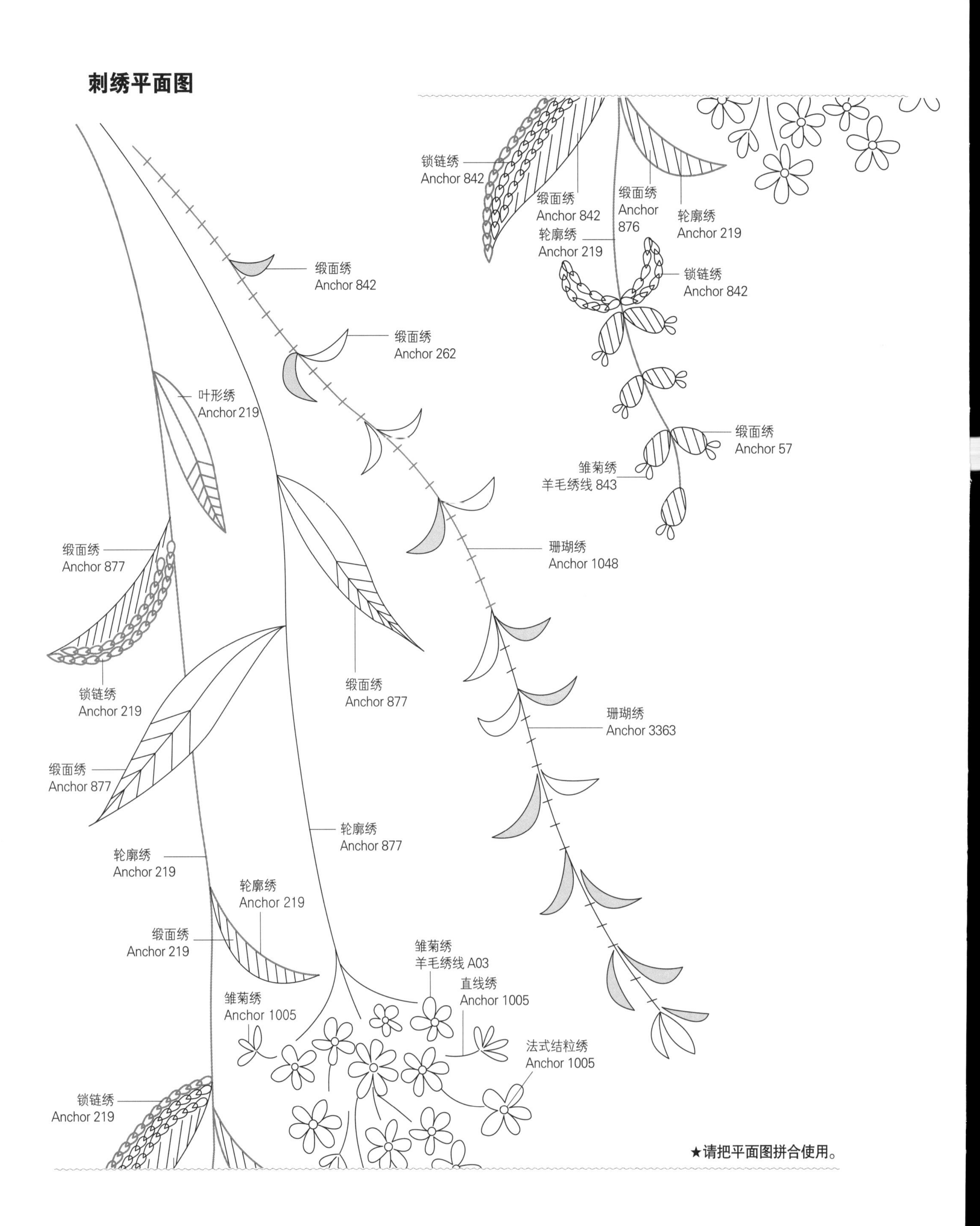


★请把平面图拼合使用。

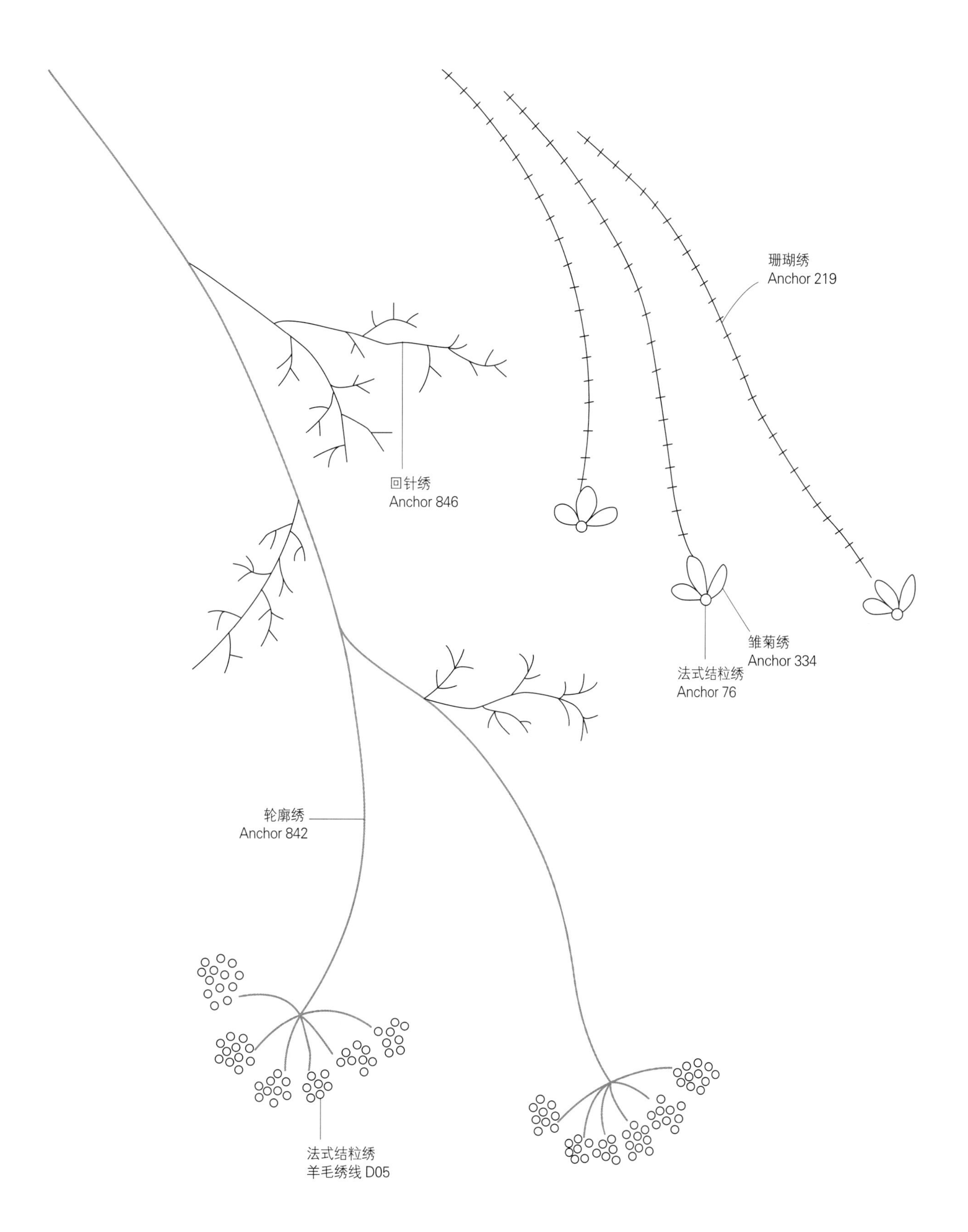
珊瑚绣
Anchor 219
回针绣
Anchor 846
雏菊绣
Anchor 334
法式结粒绣
Anchor 76
轮廓绣
Anchor 842
法式结粒绣
羊毛绣线 D05

## 刺绣平面图

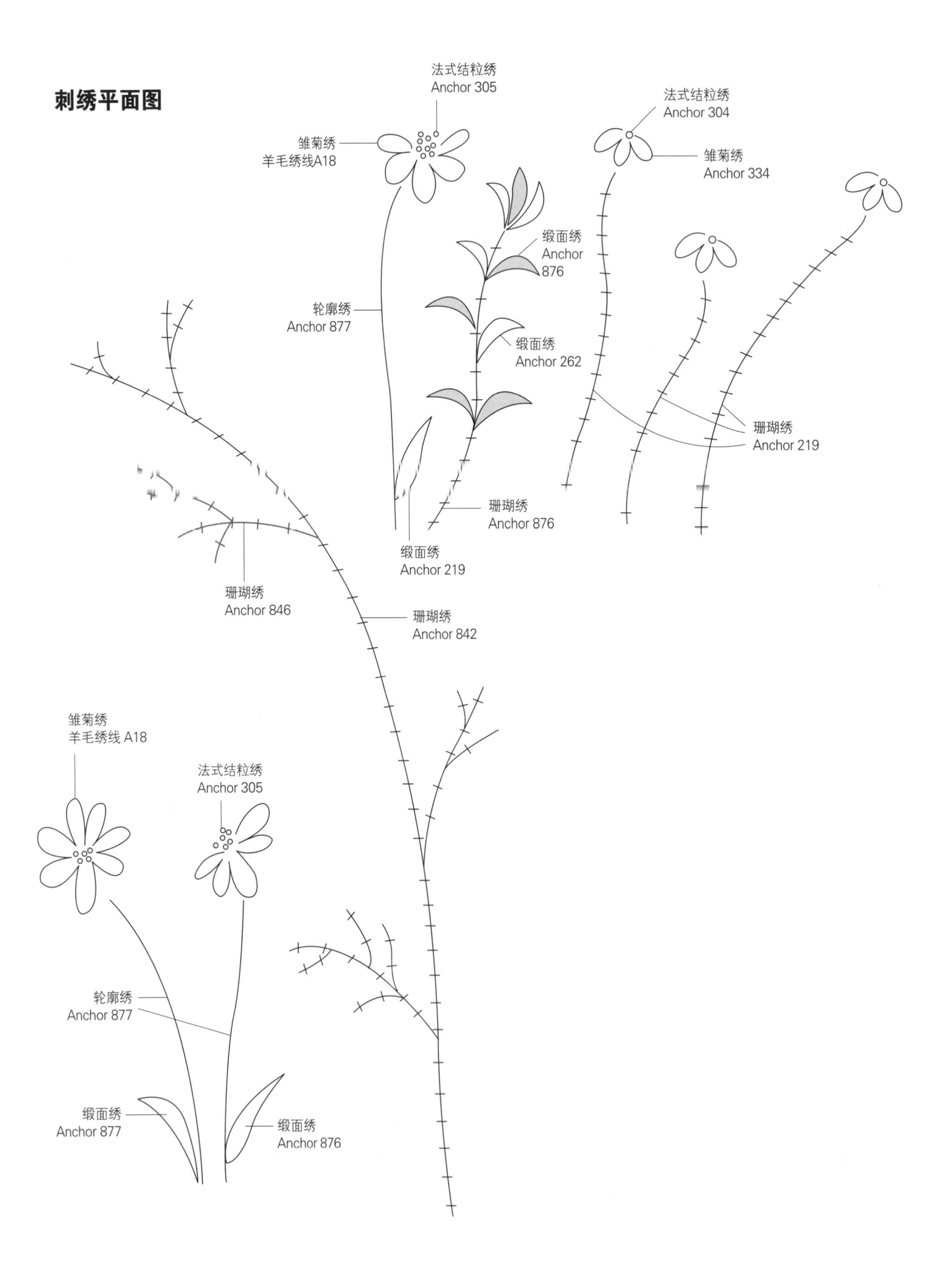

法式结粒绣
Anchor 305
雏菊绣
羊毛绣线A18
法式结粒绣
Anchor 304
雏菊绣
Anchor 334
缎面绣
Anchor
876
轮廓绣
Anchor 877
缎面绣
Anchor 262
珊瑚绣
Anchor 219
珊瑚绣
Anchor 876
缎面绣
Anchor 219
珊瑚绣
Anchor 846
珊瑚绣
Anchor 842
雏菊绣
羊毛绣线 A18
法式结粒绣
Anchor 305
轮廓绣
Anchor 877
缎面绣
Anchor 877
缎面绣
Anchor 876

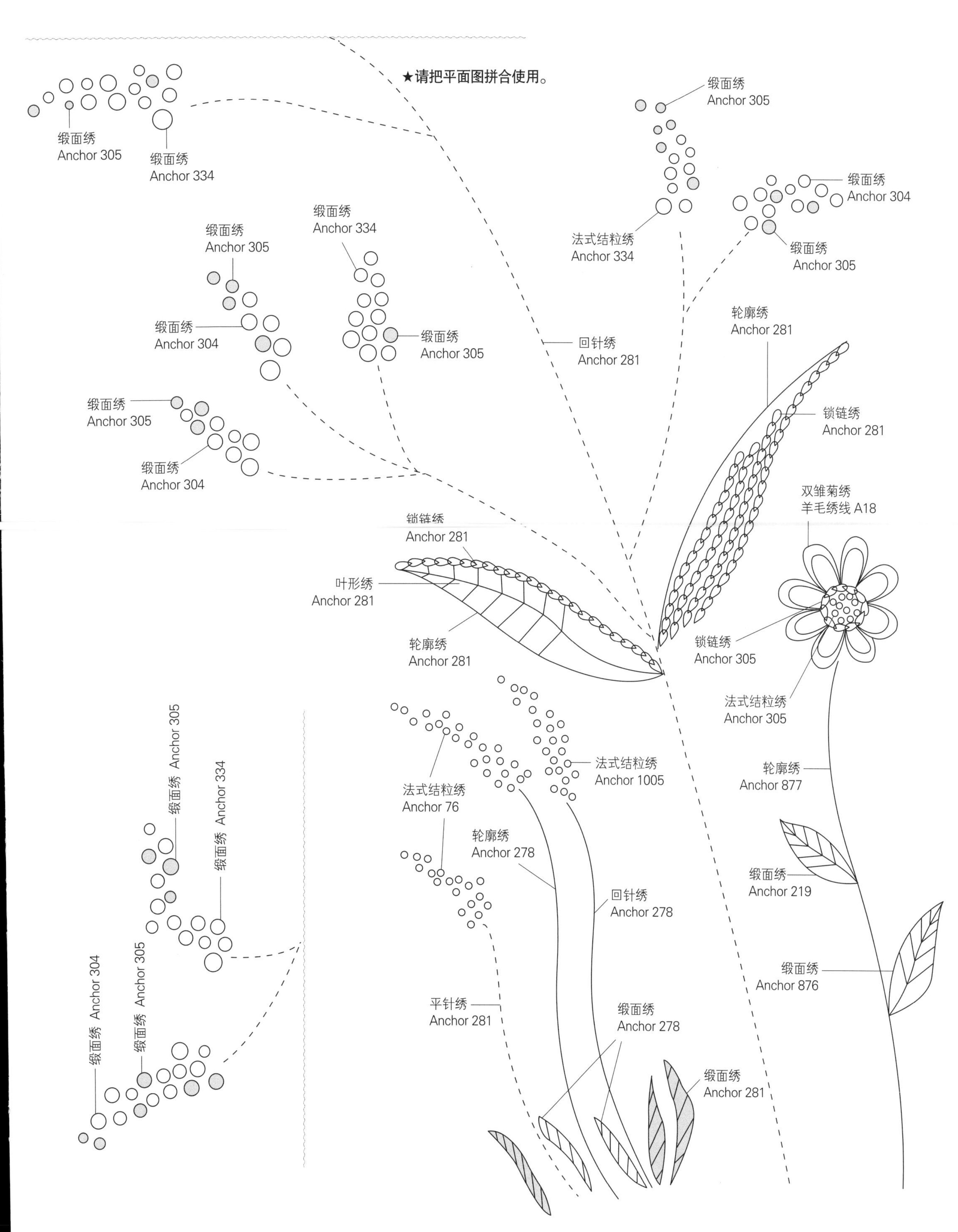

★请把平面图拼合使用。
缎面绣
Anchor 305
缎面绣
Anchor 334
缎面绣
Anchor 305
缎面绣
Anchor 304
法式结粒绣
Anchor 334
缎面绣
Anchor 305
缎面绣
Anchor 334
缎面绣
Anchor 305
缎面绣
Anchor 304
缎面绣
Anchor 305
回针绣
Anchor 281
轮廓绣
Anchor 281
缎面绣
Anchor 305
锁链绣
Anchor 281
缎面绣
Anchor 304
双雏菊绣
羊毛绣线 A18
锁链绣
Anchor 281
叶形绣
Anchor 281
轮廓绣
Anchor 281
锁链绣
Anchor 305
法式结粒绣
Anchor 305
法式结粒绣
Anchor 1005
法式结粒绣
Anchor 76
轮廓绣
Anchor 877
轮廓绣
Anchor 278
回针绣
Anchor 278
缎面绣
Anchor 219
缎面绣 Anchor 305
缎面绣 Anchor 334
缎面绣
Anchor 876
缎面绣 Anchor 304
缎面绣 Anchor 305
平针绣
Anchor 281
缎面绣
Anchor 278
缎面绣
Anchor 281

# 野花刺绣围裙

作品P34

**【所需材料】**

先染布 肉粉色100cm×110cm、米色90cm×55cm；防滑垫30cm×27cm；装饰花边；铺棉

**【刺绣线】**

羊毛绣线C04、E19、C21、E12、A13、E14、A19、E03、VE08、E07、E18、VE23、E08、B02

1. 按照纸型裁剪肉粉色先染布和米色先染布（米色先染布用在围裙和家居鞋的正中间位置）。

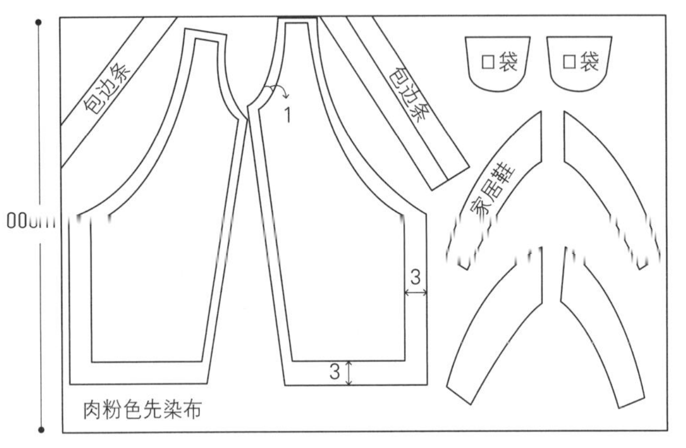


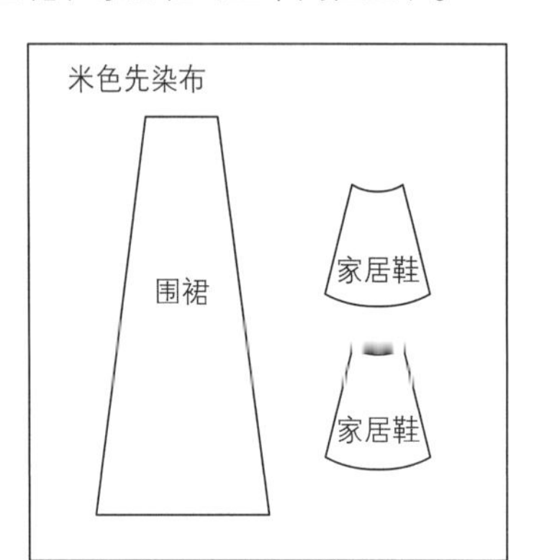

*裁剪2块7.5cm×50cm的肩带布（包含缝份）。

2. 将2块肉粉色布和围裙中间的米色布拼接缝合。
3. 先在米色布领口位置熨出褶皱，再缝合固定褶皱位置。
4. 在米色布两侧缝上装饰花边。
5. 在米色布下方绘制图案，并进行刺绣。
6. 裁剪肩带布，对折并用珠针固定好，留1cm缝份缝合，再翻出，做成肩带。

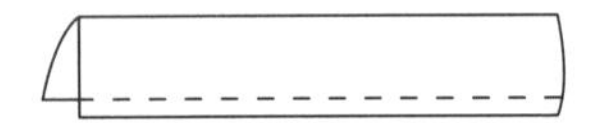
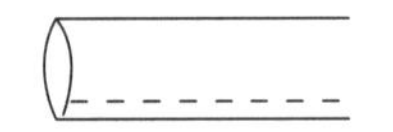

拼接

7. 把肩带放在主体布两侧，固定位置并缝合。
8. 用剩下的布做出包边条，在围裙上部包边1cm。

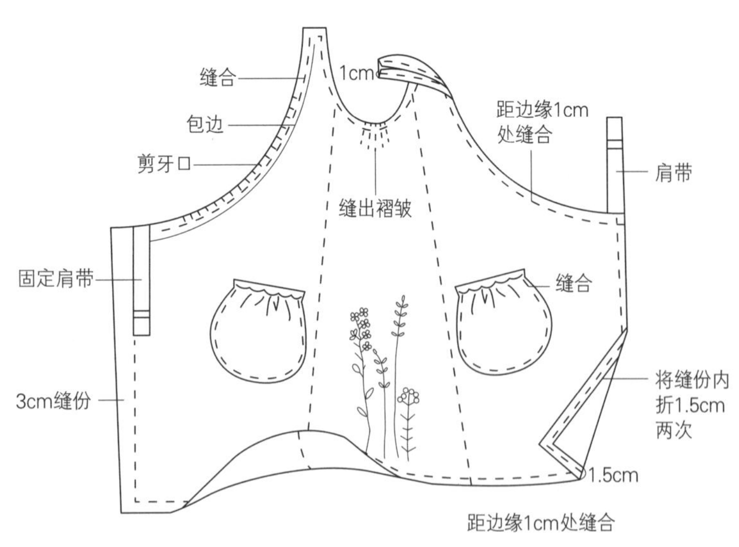


9. 参照图中示意，裁剪口袋，在袋口抽褶、包边、缝上装饰花边。

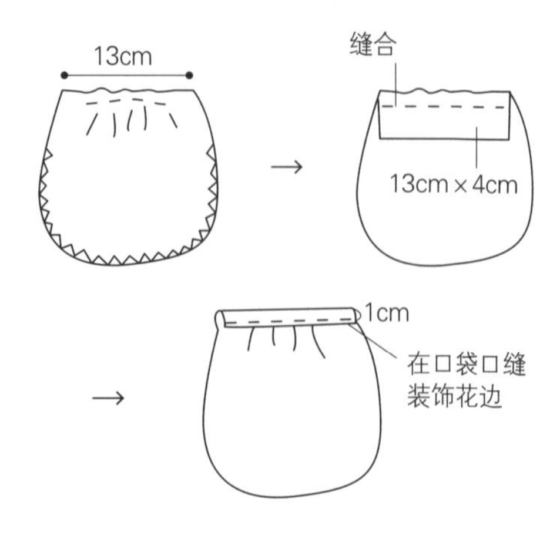

**10.** 两个口袋缝份向内折，缝在围裙左、右两侧。
**11.** 缝合肩带。完成。

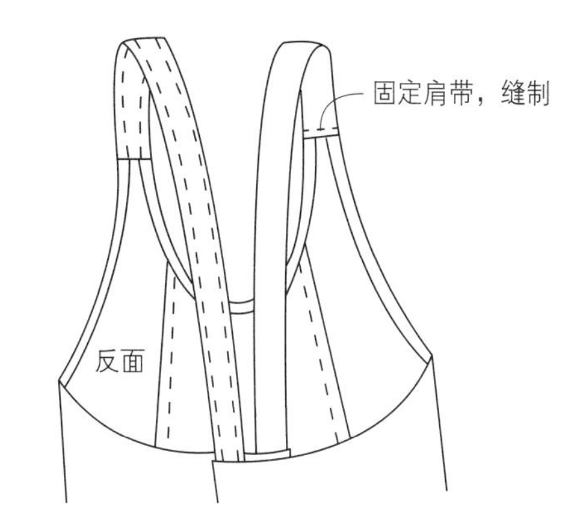


# 野花家居鞋

作品P34

**1.** 按照纸型裁剪2块肉粉色先染布和1块米色先染布，连接缝合成鞋面表布。

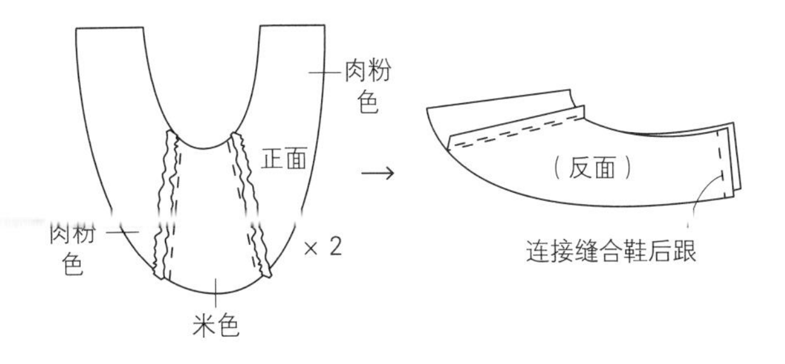


**2.** 在米色先染布上绘制图案并进行刺绣。
**3.** 按照纸型在铺棉上画出鞋面和鞋底的形状后裁剪，再分别和表布重叠熨烫在一起。

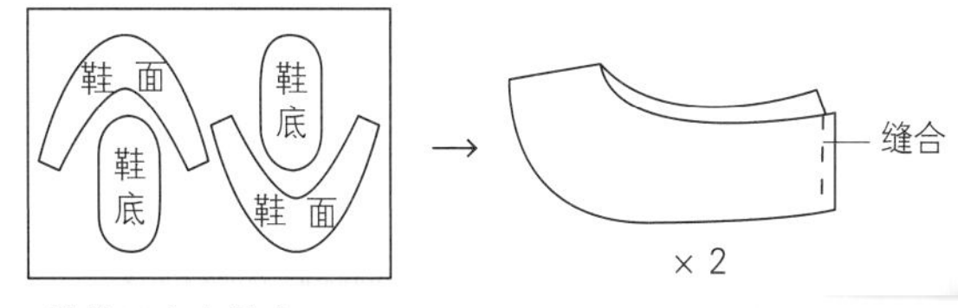


*铺棉固定在鞋底。
*因为铺棉伸缩性大，所以用珠针固定时要密集些，也可以机缝缝合固定。

**4.** 鞋面的表布、里布正面相对重叠，用剪刀在缝份上以1cm的间隔剪牙口，再把鞋口部分缝合一圈。

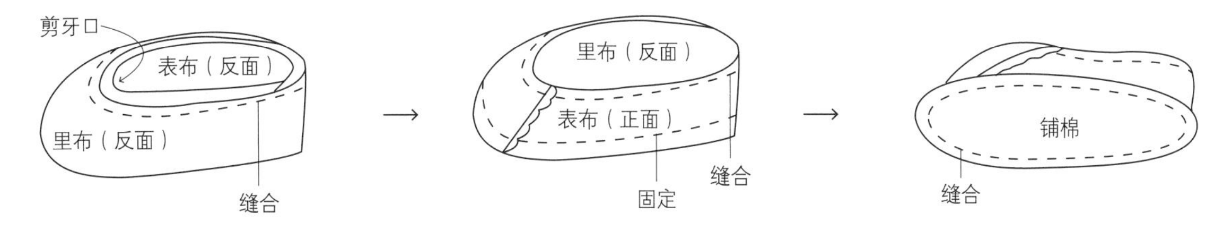


*把表布翻到外面来，鞋口位置缝一圈固定。
靠近鞋底的一圈用珠针固定。

**5.** 固定鞋身和鞋底后缝合一圈。
**6.** 剪掉缝份处的铺棉。
**7.** 参照下图，把防滑垫与鞋面正面相对，留返口缝合一圈，从返口处翻回正面，缝合返口。完成。

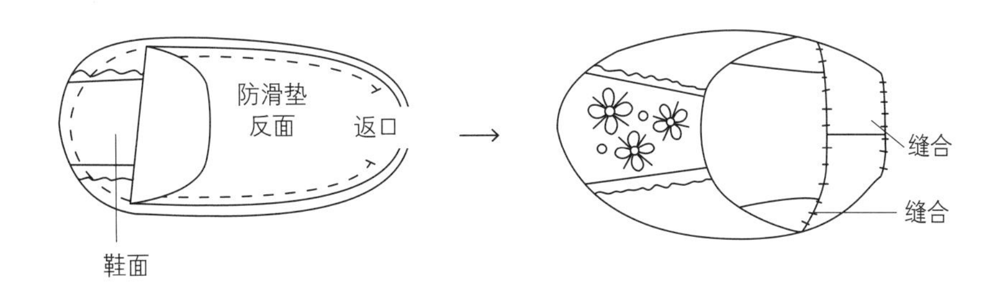

## 刺绣平面图（围裙）

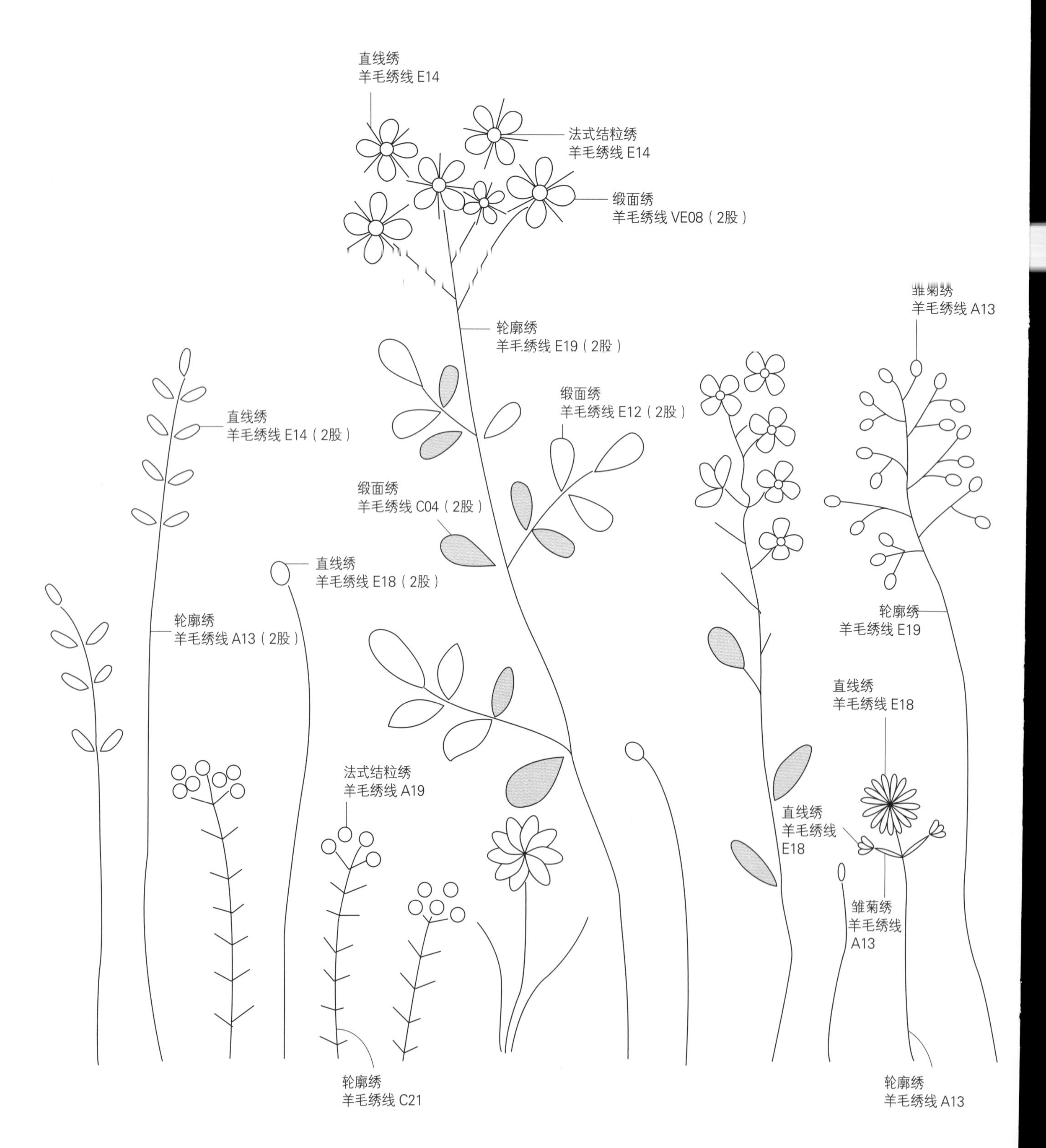

直线绣
羊毛绣线 E14
法式结粒绣
羊毛绣线 E14
缎面绣
羊毛绣线 VE08（2股）
雏菊绣
羊毛绣线 A13
轮廓绣
羊毛绣线 E19（2股）
缎面绣
羊毛绣线 E12（2股）
直线绣
羊毛绣线 E14（2股）
缎面绣
羊毛绣线 C04（2股）
直线绣
羊毛绣线 E18（2股）
轮廓绣
羊毛绣线 A13（2股）
轮廓绣
羊毛绣线 E19
直线绣
羊毛绣线 E18
法式结粒绣
羊毛绣线 A19
直线绣
羊毛绣线
E18
雏菊绣
羊毛绣线
A13
轮廓绣
羊毛绣线 C21
轮廓绣
羊毛绣线 A13

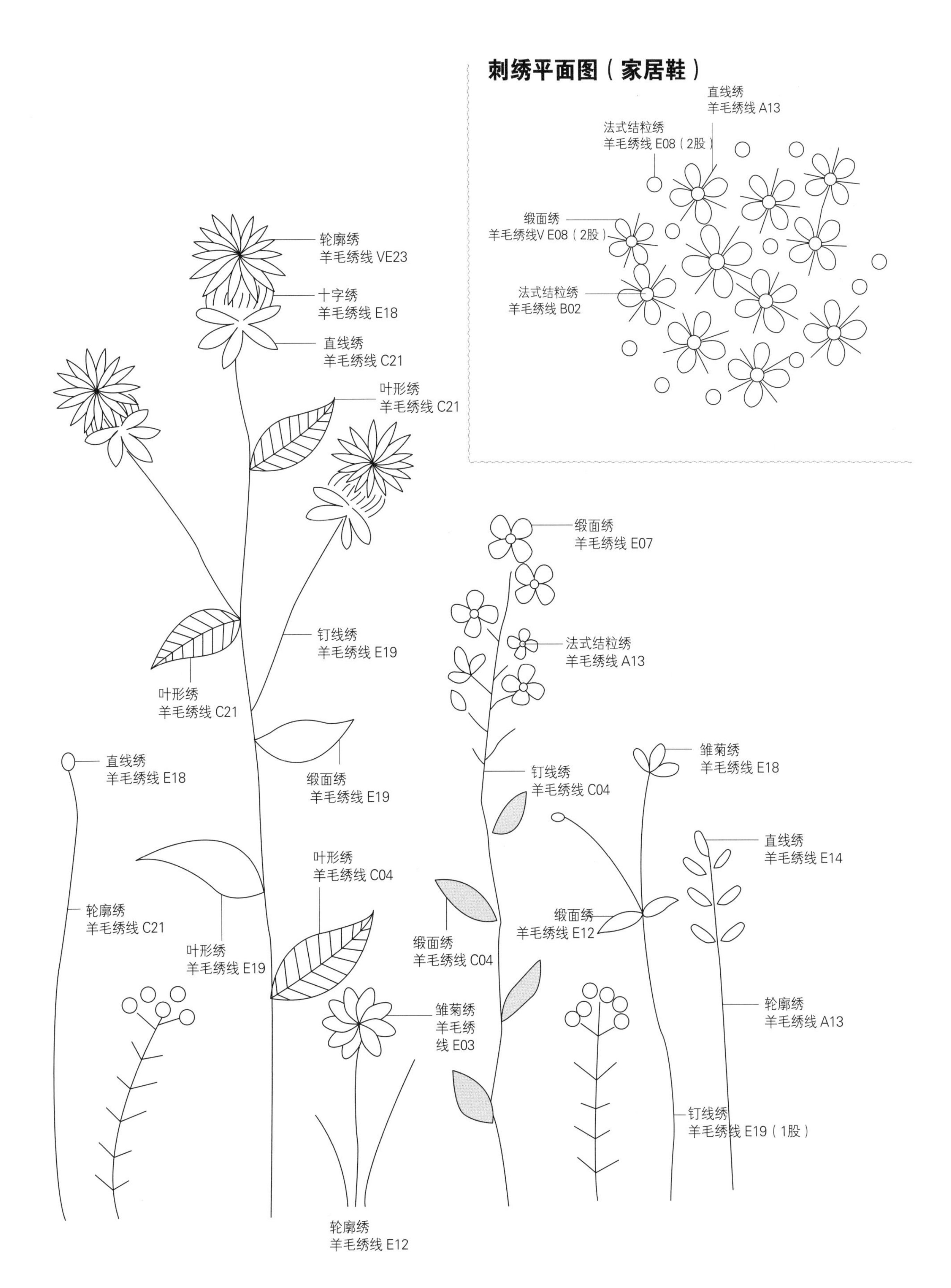
刺绣平面图（家居鞋）
直线绣
羊毛绣线 A13
法式结粒绣
羊毛绣线 E08（2股）
缎面绣
羊毛绣线V E08（2股）
法式结粒绣
羊毛绣线 B02
轮廓绣
羊毛绣线 VE23
十字绣
羊毛绣线 E18
直线绣
羊毛绣线 C21
叶形绣
羊毛绣线 C21
缎面绣
羊毛绣线 E07
法式结粒绣
羊毛绣线 A13
钉线绣
羊毛绣线 E19
叶形绣
羊毛绣线 C21
雏菊绣
羊毛绣线 E18
直线绣
羊毛绣线 E18
钉线绣
羊毛绣线 C04
缎面绣
羊毛绣线 E19
直线绣
羊毛绣线 E14
叶形绣
羊毛绣线 C04
轮廓绣
羊毛绣线 C21
缎面绣
羊毛绣线 E12
叶形绣
羊毛绣线 E19
缎面绣
羊毛绣线 C04
雏菊绣
羊毛绣
线 E03
轮廓绣
羊毛绣线 A13
钉线绣
羊毛绣线 E19（1股）
轮廓绣
羊毛绣线 E12

# 装饰框画

作品P38

【所需材料】

天然亚麻布15cm×21cm；带胶铺棉；相框

【刺绣线】

参考图示说明。

1. 在天然亚麻布上绘制图案，再与带胶铺棉贴合熨烫，并进行刺绣。
2. 调整大小和位置，裱在相框里，完成。

## 刺绣平面图（绣球花）

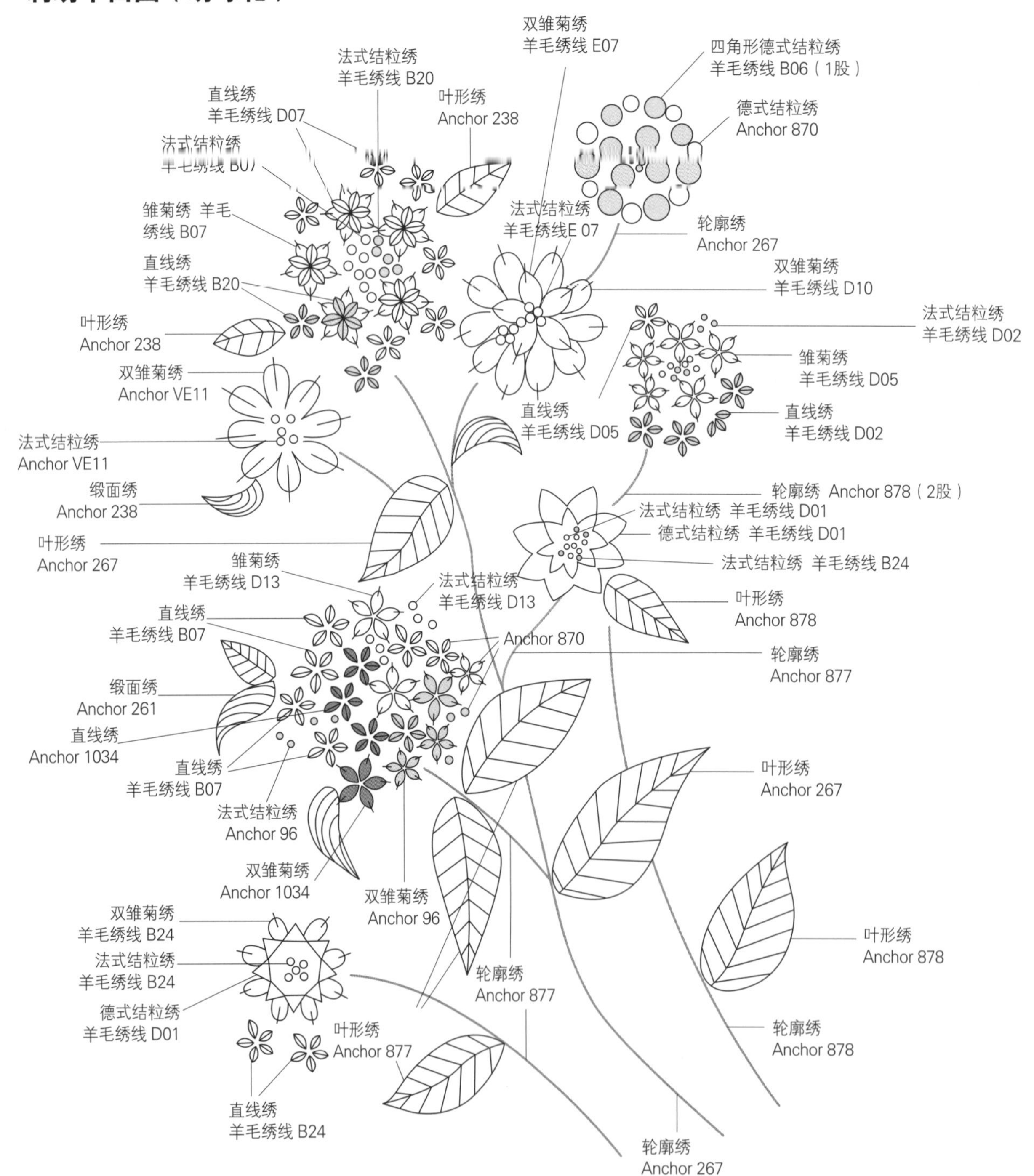

## 刺绣平面图（蜀葵）

【所需材料】

天然亚麻布18cm×29cm；带胶铺棉

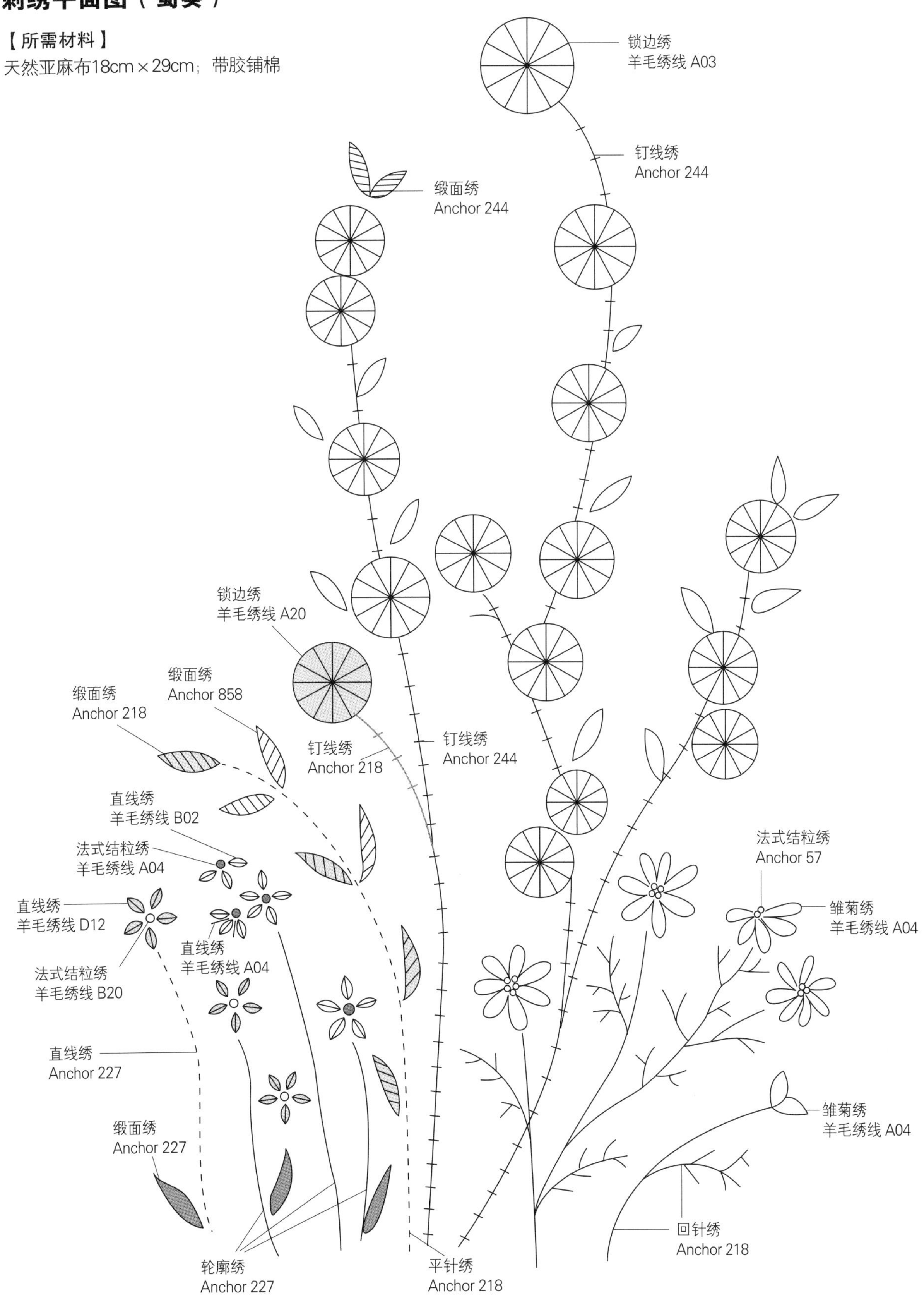

# 可挂式纸巾袋

作品P39

【所需材料】

水洗棉麻布 纯色50cm×50cm；包扣

【刺绣线】

参考图示说明。

1. 裁剪水洗棉麻布40cm×50cm(包含两侧各1cm缝份)。
2. 按照示意图把布对折，留出抽纸口部分不缝，其他部分缝合。
3. 翻回正面，抽纸口缝份向两边倒，距离缝线0.5cm处压缝一道线。
4. 在布的正面绘制图案并刺绣。

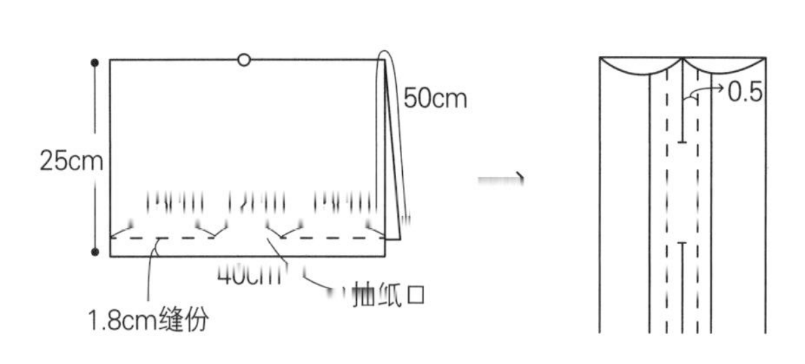

5. 纸巾袋前面中间放上挂绳ⓐ缝合，后面中间放扣绳ⓑ缝合。提手ⓒ的两端ⓓ分别缝合在纸巾袋的左、右两侧。缝合位置在袋口向下1~2.5cm。

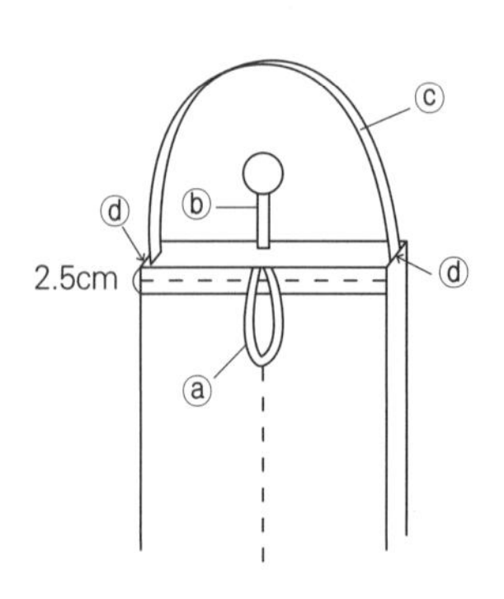


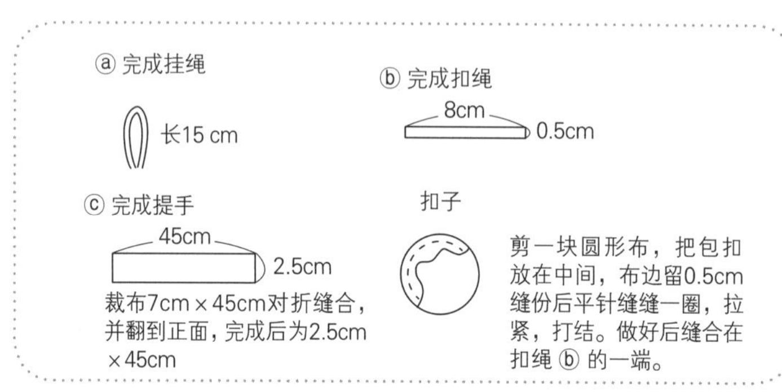


6. 缝12cm宽底角，完成。

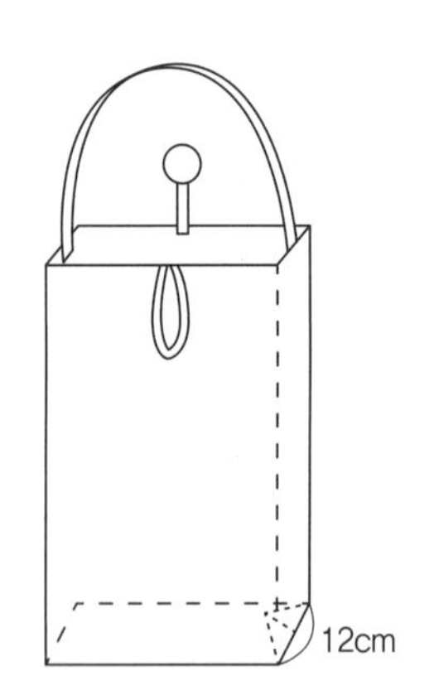


## 刺绣图案扣子

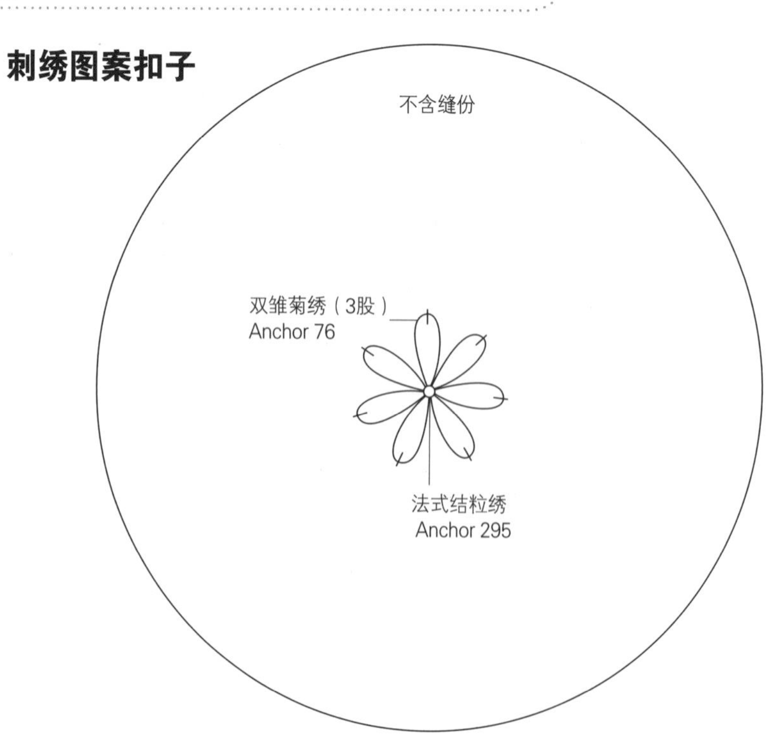

## 刺绣平面图

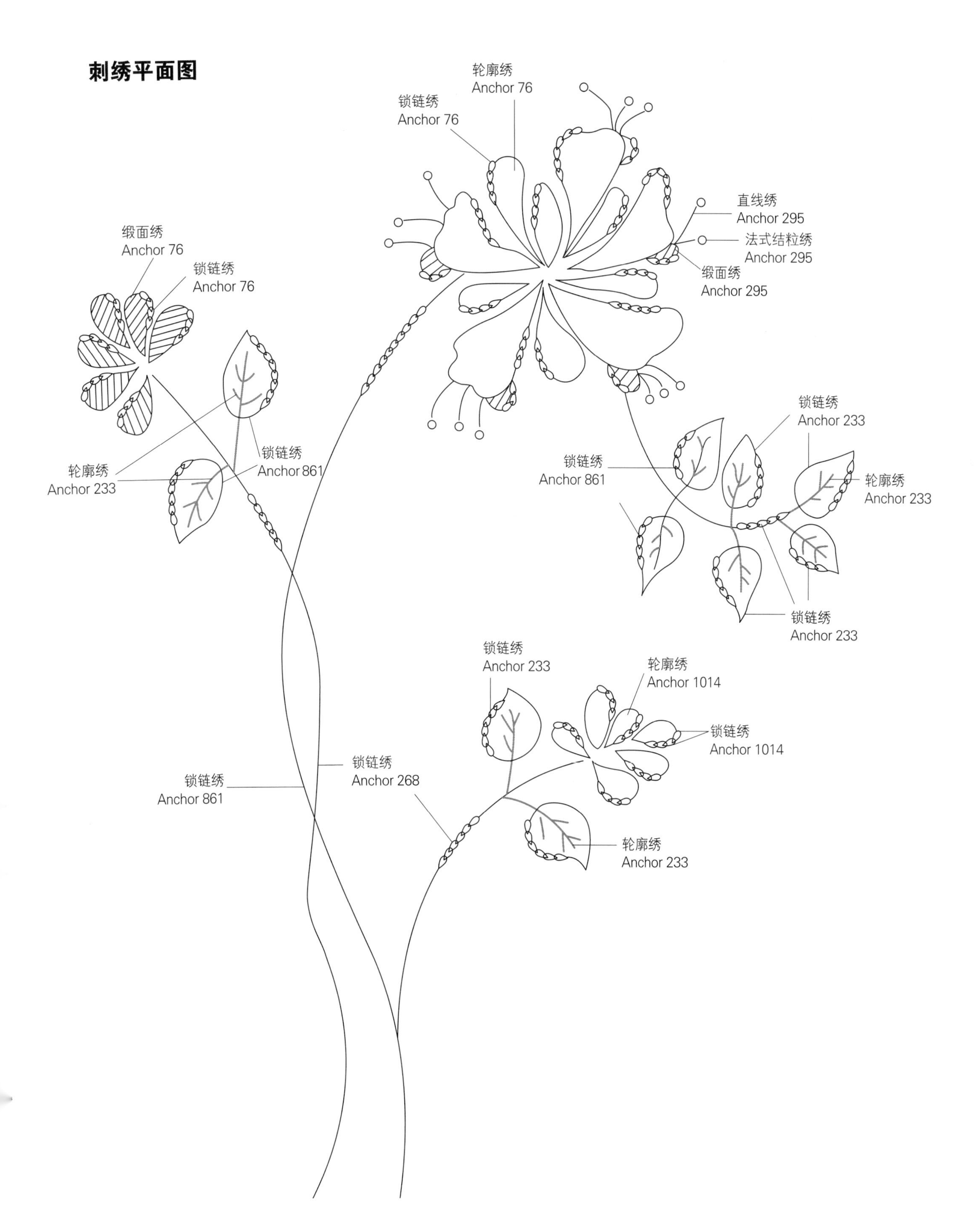

轮廓绣
Anchor 76
锁链绣
Anchor 76
直线绣
Anchor 295
法式结粒绣
Anchor 295
缎面绣
Anchor 295
缎面绣
Anchor 76
锁链绣
Anchor 76
锁链绣
Anchor 233
锁链绣
Anchor 861
轮廓绣
Anchor 233
轮廓绣
Anchor 233
锁链绣
Anchor 861
锁链绣
Anchor 233
锁链绣
Anchor 233
轮廓绣
Anchor 1014
锁链绣
Anchor 1014
锁链绣
Anchor 268
锁链绣
Anchor 861
轮廓绣
Anchor 233

| | | |
|---|---|---|
| 轮廓绣 Outline stitch | 回针绣 Back stitch | 锁链绣 Chain stitch |
| 平针绣 Running stitch | 缎面绣 Satin stitch | 飞鸟绣 Fly stitch |
| 法式结粒绣 French knots stitch | 雏菊绣 Lazy daizy stitch | 双雏菊绣 Double lazy daizy stitch |
| 绕线绣 Bullion stitch | 长短针绣 Long and short stitch | 直线绣 Straight stitch |
| 锁边绣 Blanket stitch | 锁边环形绣 Blanket ring stitch<br>从底部穿过<br>终点 | |

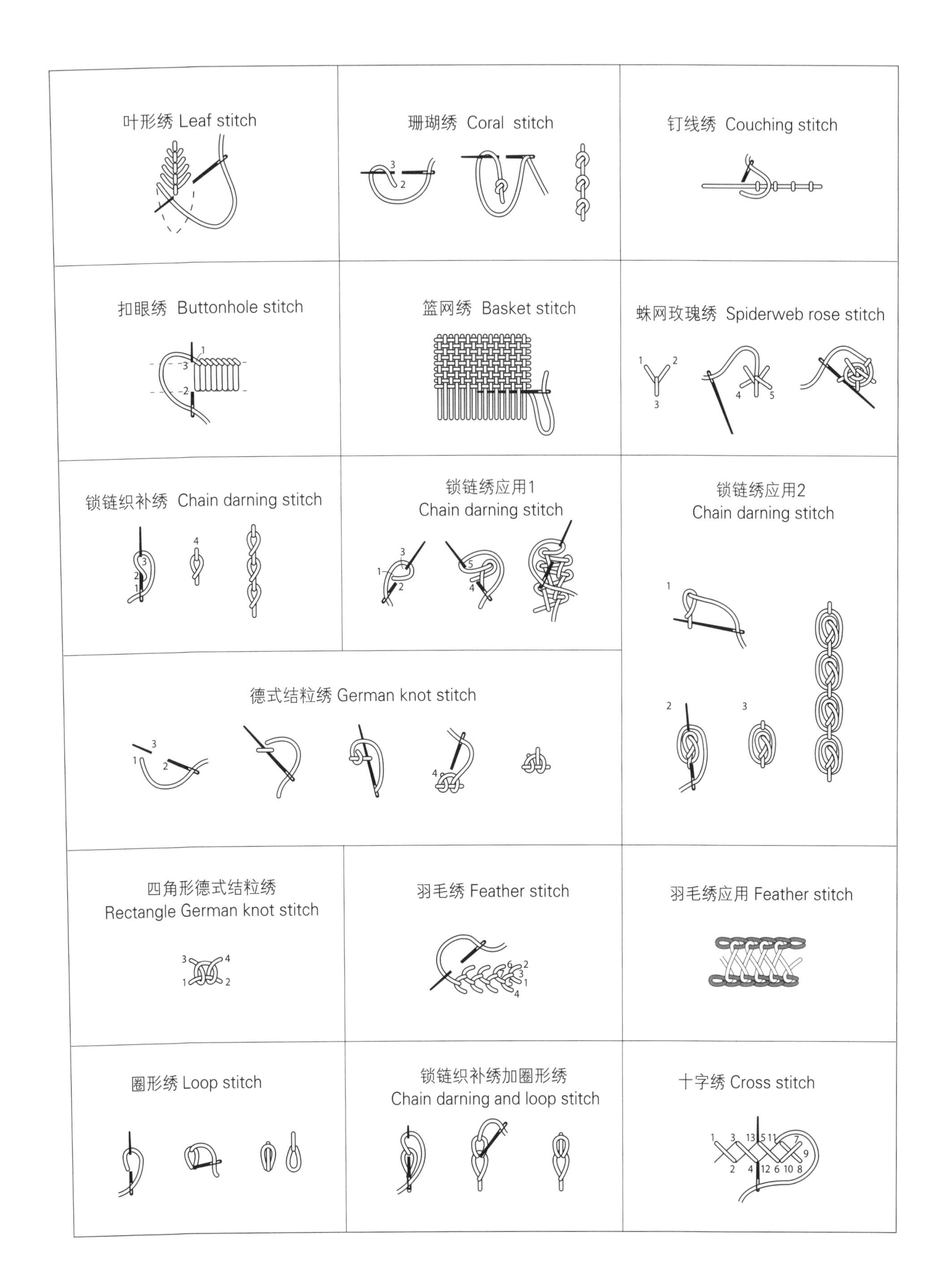

叶形绣 Leaf stitch
珊瑚绣 Coral stitch
钉线绣 Couching stitch
扣眼绣 Buttonhole stitch
篮网绣 Basket stitch
蛛网玫瑰绣 Spiderweb rose stitch
锁链织补绣 Chain darning stitch
锁链绣应用1
Chain darning stitch
锁链绣应用2
Chain darning stitch
德式结粒绣 German knot stitch
四角形德式结粒绣
Rectangle German knot stitch
羽毛绣 Feather stitch
羽毛绣应用 Feather stitch
圈形绣 Loop stitch
锁链织补绣加圈形绣
Chain darning and loop stitch
十字绣 Cross stitch

备案号：豫著许可备字-2016-A-0295

**图书在版编目（CIP）数据**

韩风花草绣：拼布包和家居小物 /（韩）丁珉子等著；freeterTUZ 译．—郑州：河南科学技术出版社，2019. 6

ISBN 978-7-5349-8646-8

Ⅰ．①韩…　Ⅱ．①丁…②f…　Ⅲ．①布料－手工艺品－制作　Ⅳ．①TS973.51

中国版本图书馆 CIP 数据核字（2019）第 022257 号

出版发行：河南科学技术出版社
地址：郑州市郑东新区祥盛街27号　邮编：450016
电话：（0371）65737028　65788613
网址：www.hnstp.cn
策划编辑：梁莹莹
责任编辑：梁莹莹
责任校对：金兰苹
封面设计：张　伟
责任印制：张艳芳
印　刷：北京盛通印刷股份有限公司
经　销：全国新华书店
开　本：889 mm × 1194 mm　1/16　印张：7.5　字数：160千字
版　次：2019年6月第1版　2019年6月第1次印刷
定　价：49.00 元